U0008976

貓頭鷹書房 7

# 原子中的幽靈

## 從愛因斯坦的惡夢到薛丁格的貓
## 看八位物理學家眼中的量子力學

# The Ghost in the Atom

保羅‧戴維斯、朱利安‧布朗◎著

史領空◎譯

貓頭鷹

# 沒有人懂量子力學

高涌泉

　　量子力學是二十世紀物質科學最重要的成就。為什麼
這樣說呢？因為自古以來，讓無數賢人智者日夜苦思的大
難題——「物質是什麼？」在量子力學誕生之後，才算是
有了較令人滿意的答案。但是量子力學是一個相當怪異的
玩意兒。一方面它非常成功，可以很精準的預測出實驗的
結果。可是在另一方面，量子力學所呈現的世界觀是那麼
的荒誕，激烈地衝擊我們從古典物理中培養出的直覺。這
讓許多物理學家覺得很不自在。例如本世紀最著名的物理
學家愛因斯坦，一輩子拒絕接受量子力學。他曾經在與別
人討論量子力學時問了一句連小學生都知道答案的問題：
「是不是只有當你在看它的時候，月亮才在那兒呢？」這
個奇怪的問題只有擺在量子力學框架中才不至於顯得突

兀。反過來講，愛因斯坦有此一問，十足反襯了量子力學的荒謬。

量子力學的宗師之一，薛丁格（E. Schrodinger）曾感嘆道：「這些可惡的量子跳躍果真成立的話，我真要後悔介入量子理論了。」名物理學家費曼（R. Feynman）在《物理定律的特性》（台灣譯名為《物理之美》）一書中也說過：「我想我可以有把握地講，沒有人懂量子力學。」費曼這麼說，恐怕有人會懷疑量子力學課還能找得到老師嗎？

和愛因斯坦、薛丁格及費曼一樣對量子力學感到不滿或不安的物理學家（及哲學家）不少。

所以自七十五年前量子力學誕生至今，持續不斷有人在研究量子力學的意義與詮釋。不過這方面的研究很不容易有明確的進展，一般講求成效的物理學家避之惟恐不及。嚴格講，能夠真正深入問題核心的專家並不多。但是一般讀者只要願意稍費一些心思，了解一點量子力學的來龍去脈，也就可以欣賞量子力學中最神妙的地方，以及專家們爭論得面紅耳赤所為何來。

量子力學其實起源於一個物理謎題：原子為什麼會保持穩定？科學家在十九世紀末已經知道所有的物質皆是由各式各樣的原子所組成，但是對原子的內部結構還是不甚了了。在了解原子真面貌的過程中，有兩個關鍵的實驗。其一是在一八九七年湯木生（J. J. Thomson）測量了電子的電荷與質量比值，體認到電子是一個帶有固定電荷與質量的基本粒子。電子相當地輕，約略是氫原子重量的一千八百分之一而已。在電子發現之後，人們了解中性的原子是由帶負電的電子和另外結構不明的帶正電物質所組成。另外一個實驗是拉塞福（E. Rutherford）在一九一一年做的散射實驗。拉塞福把帶正電的高速 α 粒子（後來知道即是氦原子核）射入金箔，他驚訝地發現竟有少數的 α 粒子會以大角度反彈回來。如果金原子中帶正電的物質大致上是均勻地分布在金原子中，則所有的 α 粒子應該就像子彈穿過棉花般地射穿金箔，不可能反彈回來。因此，金原子中帶正電的物質應該全部集中在一個很小的區域內。當少數的 α 粒子能夠非常接近這個又重又帶正電的區域時，這些 α 粒子就會被彈射回來。所以拉塞福推論出一個類似

太陽系的原子模型：原子中有一個很小的原子核，帶有正電以及絕大部分的質量。很輕的電子則像行星般地環繞原子核運行。最簡單的原子是氫原子，原子核外僅有一個電子。複雜的原子在原子核外有數十個電子運行。

但是拉塞福的原子模型有一個致命的缺點：依據馬克士威（J. C. Maxwell）的古典電磁學，有加速度的帶電物質會放射出電磁波，而釋出能量。電子在原子中繞著原子核轉，不可能全然是等速直線運動，一定有加速度，也就必然會失去能量而墜落在原子核上。如此一來，原子就不可能穩定地存在。難道電子不是以類似圓形的軌道繞著原子核轉嗎？還有什麼其他的可能呢？

量子力學就是為了要解釋原子穩定性而被逼出來的學問。若非實驗結果環環相扣，把物理學家逼至死角，我相信無論多麼聰明的人，如何苦思也不可能憑空想出量子力學。當初若非有更多的實驗來引導我們的思考方向，要解開原子之謎恐怕是一點頭緒也沒有。我們還需要多知道一些關於「光」的知識，方才掌握足夠的線索。

對於光這麼基本的自然現象，人們自古以來已累積了

不少知識。不過從物理的角度看，最重要的進展是馬克士威的電磁波論及蒲朗克（M. Planck）與愛因斯坦的光量子論。在十九世紀中期，馬克士威從他的方程式推算出電磁波傳遞的速度，發現竟然和光速一模一樣；而且光在物質中傳導的性質都可以從電磁理論推導出來。據此人們接受光僅是電磁波而已。古典電磁學理論非常成功，但卻在黑體（也就是空腔）輻射現象上踢到鐵板。在十九世紀末，物理學者已經可以精確地測量空腔在不同溫度下放出的輻射其強度與頻率的關係。古典電磁理論的推算與觀測結果完全不符。蒲朗克是熱力學大師，因此全力投入黑體輻射之研究。

在一九〇〇年，蒲朗克找到了一個與實驗數據完全一致的公式。但是他的公式卻要求電磁輻射的能量僅可能是其振動頻率 f 再乘上一個常數 h（即 hf）的整數倍。常數 h 現在稱為蒲朗克常數。也就是說，電磁場能量是離散的，只可以是 hf、2hf、3hf……等等。而在馬克士威的理論中，電磁波能量是和場強度（即振幅）平方成正比，與頻率沒有任何關係，能量大小也沒有受到任何限制。

蒲朗克在得到他的能量公式以後，深覺不安。他很清楚他的發現是革命性的，但他還是不了解他的公式有何具體物理意義。在蒲朗克公式出現後五年，愛因斯坦提出「光量子」（Light Quantum，後來被稱為光子〔Photon〕）的概念，把電磁波看成粒子似的光量子所組成。如果電磁波的頻率為 f，則每一個光量子的能量就是 hf。光量子的個數與電磁波振幅（即電磁場強度）平方成正比。古典理論在電磁波強度高（即光量子數目多）、頻率低時適用。但在頻率高且光量子數目小時，光的粒子特性就凸顯到無法忽略了。愛因斯坦還提議用光電效應來檢驗光量子理論。實驗結果證明光量子的說法是正確的。

　　現在我們回到原子的問題。在十九世紀末人們已經知道原子在高溫時會發光，而且所發的光其頻率是不連續的。只有某些頻率會出現，並不是任意頻率的光都會從原子放射出來。依據古典物理，電子環繞原子核時所放射出的光，其頻率可以是任意值，沒有什麼限制。所以原子的放射光譜完全不能以古典物理去理解，但是它卻提供了一條寶貴的線索來解開原子之謎。

第一個利用這個線索的人是丹麥學者玻耳（N. Bohr）。他在一九一三年提出了嶄新的概念來看待原子。以氫原子為例，玻耳說讓我們先假設原子中的電子軌道是圓形的，而且軌道半徑不可以取任意值，電子只能在某些特殊半徑的軌道上運轉。精確一點說，玻耳假設電子的角動量是蒲朗克常數 h 除以 $2\pi$ 再乘上任一整數。玻耳又假設電子在這些軌道上運轉時不會放射出電磁波，但電子可以從一個軌道跳躍到另一個軌道。由於不同軌道帶有不同的能量，所以在跳躍時電子需放出（或吸收）能量，這些能量就以光量子的形式出現。玻耳從能量守恆可以算出光量子應帶有的能量大小，再利用蒲朗克與愛因斯坦的理論，可以得到光量子的頻率。他發現這些頻率與測量到的氫原子放射光譜完全一致。玻耳的原子模型是很大的突破。但是大家都很清楚那絕不是最後完整的答案，因為玻耳定下了很多來源不清，只適用在他的模型的假設。這只能算是過渡時期的權宜之計而已，所以玻耳的模型被稱為半古典模型。但是要如何往前走，物理學家又迷惑了。那時候，他們好像就是在黑房子摸索出口。

曙光終於在一九二五年六月來臨。當時未滿二十四歲的德國青年海森堡（W. Heisenberg）提出一個極為大膽的想法。他認為一切的困惑都來自我們理所當然地自動假設電子運動一定依循一個軌跡，進而追尋那軌跡是什麼。但是我們從未透過實驗直接觀察到電子運行軌跡。在玻耳模型中，電子軌跡的功能其實僅在讓我們可以推算出電子的能量而已。所以海森堡就想，乾脆在理論架構中不要加入軌跡的想法，只要假設某些帶特定能量的狀態（稱為能態）的存在就可以了。他進一步找到一些計算法則，可以精準地計算出電子能態可以帶有的能量。

　　海森堡的論文馬上像野火般地迅速傳播開來。在半年之內，海森堡與當時最優秀的理論學者，包括玻恩（M. Born）、喬旦（P. Jordan）、狄拉克（P. A. M. Dirac）與包利（W. Pauli）等人，就發展出一套完備的量子力學。在這套學問中，電子可以處於一些量子狀態上，也可以在不同的量子態之間「跳躍」而吸收或放出光子。量子力學可以讓我們知道量子態的許多性質，與實驗結果完全相符。在海森堡量子力學的規則裡，物理量（例如位置、動

量、角動量等）是以矩陣的形式出現的。所以量子力學又稱為矩陣力學。

就在大家對量子力學誕生興奮不已之際，奧地利學者薛丁格在一九二六年三月異軍突起，發表了他的波動方程式。他也可以從方程式求解出氫原子能階。薛丁格的出發點是把電子看待成一種波動，他假設電子的量子狀態可以用一個波函數來描述。只要能從薛丁格波動方程式求得此波函數，就可以預測出一切和電子有關的物理量。依據量子態（即波函數）的不同，我們所得到的物理量有時候會沒有一個固定值。可以預測的是，當我們測量物理量時，量到某一個特定值的機率有多大。從表面上看，海森堡所用的數學是矩陣代數，與薛丁格用的微分方程式大不相同。但是在短暫的困惑之後，包利等人就證明了薛丁格的波動力學與海森堡的矩陣力學在數學上是等價的，亦即我們可以由薛丁格波函數推算出海森堡的矩陣。一旦知道了矩陣的各個元素，就可以求得前面提過的機率大小為何。所以我們只有一套量子力學而不是兩套。

先前我已強調過，量子力學的計算法則是非常成功

的。它的預測與實驗還沒有任何相違之處，但是這些法則的內在意義就不是那麼明顯了，例如，電子真如薛丁格所想像那般的是一種波嗎？波有一個特色，就是遍布空間各處，所以我們可以「抓到」波的一部分。可是我們從來沒有觀測到任何物質可以看成是電子的一部分。電子總是以一個完整的物體現身，所以薛丁格的觀點是錯誤的。

在考慮了各種可能性之後，物理學家不得不接受薛丁格波函數不能代表實體的波動，因而沒有直接的物理意義。我們只能間接地從波函數求得各種物理過程發生的機率。所以「波函數布滿空間」的意義就是在空間中各點都有發現電子的機率。

波的第二個特色是干涉現象。我們很容易在水波或聲波找到干涉的例子。薛丁格波動方程式預測電子在通過微細的雙狹縫後，電子密度會有高低起伏的干涉效應，這與觀測也相符。電子的運行如果是依循著某個軌跡的話，則干涉效應不可能發生在電子身上，因為干涉現象需要有兩個波疊加起來才會發生。如果我們硬是要去「看」（例如以光去照射）電子，我們的確會「看」到電子的軌跡；但

是如此一來，電子就失去了它的「波性」，也就是說它的量子性質（例如干涉效應）就不見了。總之，電子具有粒子與波這兩種互不相容的性質。我們唯有放棄軌跡，接受機率的詮釋，才能勉強理解電子的行為。量子力學只能協助我們找到事件發生的機率大小而已。在用探測器去抓到電子之前，我們不能假設電子原來就在某處。只有當我們抓住它，才知道電子的存在。因為當我們假設電子以一個粒子的形態存在時，我們得要先假設電子有一個連續不間斷的軌跡。一旦這麼想，麻煩就來了。先前我提到愛因斯坦問說，你可以不去看月亮，卻還會肯定月亮依舊在那兒嗎？大家現在應可以理解他為什麼有此一問。

沿著愛因斯坦的問題思考下去，一大堆哲學問題就跑出來了。物質世界有個客觀的實體嗎？

愛因斯坦堅定地認為有。他認為自然的本質不應隨著我們是否在觀察它而改變。但是量子力學卻似乎告訴我們，自然展現給我們看的面貌會依我們觀察方式的不同而有所變異。這實在是很奇怪。我在這裡要指出，有奇怪的波動－粒子二元性的物質，不僅是電子而已，光子也是如

此。其實目前所知道的一切基本粒子，包括夸克與輕子都有二元性。光子與夸克遵循的波動方程式分別是馬克士威方程式與狄拉克方程式。對光子來說，馬克士威方程式中的電磁場強度與光子出現的機率有關，這就如同薛丁格波動函數與找到電子的機率有關。

我再強調一下，電子的軌跡根本就不存在，並不是我們沒有能力去觀測到而已。更具體地講，如果在某時刻偵測到電子於 A 處，而在一分鐘之後電子出現在 B 處，我們不可以認定電子是經由一條連接 A 點與 B 點的路徑從 A 跑到 B。很多人不信服這個結論。他們依然認定軌跡仍舊有意義，只是很難觀測而已。這些人採取古典觀點，提出一些理論，其中保留有客觀實體的概念。

這些理論通稱為隱變數理論（Hidden Variable Theory）。至目前為止，沒有一個隱變數理論和量子力學一樣成功。但是誰能保證隱變數的想法永遠不會成功呢？

終於在一九六四年愛爾蘭物理學者貝爾（J. Bell）推導出一個現在以他為名的不等式。此貝爾不等式是任何一個不違背愛因斯坦相對論原理的隱變數理論都要遵守

的；但是在量子力學中，我們很容易找到明確違逆貝爾不等式的例子，所以量子力學的背後不可能存有一個現在還沒人發現的隱變數理論。貝爾的研究在精神上其實是延續了愛因斯坦在一九三五年與波多爾斯基（B. Podolsky）及羅森（N. Rosen）共同發表的一篇文章中，對量子力學的挑戰。在量子力學中，一個物理系統如果有兩個以上的子系統（例如一個系統由兩個或多個粒子所組成），這些子系統不必然就會有獨立而明確的物理狀態，不論這些子系統相隔有多麼遙遠。也就是說這些子系統全部都糾纏在一起，共同構成一個不能分割的物理狀態。愛因斯坦不能接受這一點，認為這是量子力學的一大缺失。愛因斯坦等人的挑戰雖然被玻耳擋了回來，他們的精神依然經由玻姆（D. Bohm）及貝爾等人的維護而流傳在物理學家之中。

　　量子力學難道就讓我們永遠失去一個沒有不確定性的客觀世界了嗎？有些物理學家認為我們必須賦予「客觀實體」一個新的意義。古典的說法已不適用，但不表示我們就失去了「客觀」，今後我們要談的是量子實體（實在）（Quantum Reality）。總之，量子力學固然解決了很多問

題，但也引出了很多疑惑，讓物理學家還要繼續追問下去。

今日量子力學研究的重點之一，在於了解古典世界究竟怎麼與量子世界銜接起來。這兩個世界差異那麼大，似乎有個跨不過的鴻溝。但是自然只有一個，所以物理學家一定要把跨越鴻溝的橋築起來。很多人相信在搭橋的過程中，一定會發現很多非常美妙的物理。

**高涌泉**　國立台灣大學物理系教授。

# 目　次

# 前言

　　玻耳（Niels Bohr）曾經說過：不為量子論所震驚者，必然不理解量子論。顯然，在一九二〇年代，當量子論的全部底蘊逐漸浮現時，玻耳的同代人一定深感驚懼與困惑。量子論不僅與十九世紀的古典物理學大相逕庭，而且徹底改變了科學家對於人與物質世界關係的觀點。因為按照玻耳對量子論的詮釋，那個「外在」世界並不是獨立存在的，而且不可避免地與我們對它的感知融合在一起。

　　有些物理學家難以接受這樣的理念並不足為奇。諷刺的是，在量子論發展的早期占重要地位的愛因斯坦，後來卻成了抨擊它的急先鋒。直到一九五五年去世時，愛因斯坦仍確信在量子論的表述形式中缺少了一種要素；沒有他堅稱的這一要素，我們在原子尺度上對物質的描述必然帶

有本質上的不確定性，因而是不完全的。在與玻耳長期的交往中，愛因斯坦曾多次試圖證明量子論的不完全性。他提出過許多充滿天才思維的論據，有些曾引起科學家的極大關注。但每一次，玻耳都馬上設法找出優雅而富說服力的辯駁。久而久之，人們漸漸覺得愛因斯坦為驅除原子中的幽靈所做的努力是徒勞的。

然而時至今日，有關量子論的爭論還未結束。近年來人們做了一系列檢驗性實驗，其中以阿斯佩克特（Alain Aspect）及其法國同事所做的實驗為其頂峰。這些實驗促使人們以新的眼光來看待玻耳－愛因斯坦之爭。

對量子論詮釋之興趣的復甦，激起了我（布朗）就這一主題製作一個專題廣播節目的念頭。

我與保羅・戴維斯教授討論了這一想法，他同意為英國國家廣播公司第三電台提供一個專題節目。我們採訪了幾位最著名的對量子力學的概念基礎有特殊興趣的物理學家，了解他們對阿斯佩克特的實驗結果和量子論其他新近進展的看法。

由於專題廣播節目的播出時間十分有限，所以最後節

目只採用了採訪的若干簡短片段。儘管如此，第三電台播出的「原子中的幽靈」節目仍然引起聽眾極大的興趣。因此我們覺得，將這些採訪內容出版成更完整、更永久的形式，是完全值得的。

除第一章外，本書內容皆以廣播節目的原始採訪錄音為基礎。雖然在編校過程中，為使對話更符合書面要求而不得不做了些修改，但我們仍力圖保持其對話的特點。因為本書是專供一般讀者閱讀的，所以我們自己撰寫了第一章，以介紹訪談中所討論的概念。讀者若已熟知其中的許多內容，可直接從第二章開始閱讀，並參照書後的詞彙表。

最後，我們想提請注意的是，在我們委派採訪任務時，有幾位參與者（在此不列名！）認為，對量子論應做何詮釋，目前並不存在實際的疑惑。至少，我們希望在本書中顯示，這種自滿是沒有理由的。

我們衷心感謝所有參與此項工作的人，尤其是派爾斯（Rudolf Peierls）爵士，他認真審閱了第一章。我們也要感謝曼蒂·尤斯塔斯，她承擔了謄錄原始訪談錄音內容這

一繁重的任務。

朱利安・布朗、保羅・戴維斯

一九八六年一月

# 第一章
# 奇異的量子世界

## 量子論是什麼？

「量子」（quantum）一詞，意為「一分量」（a quantity）或「一個分立量」（a discrete amount）。在日常生活的尺度上，我們已習慣於下述概念：一個物體的性質，如它的大小、重量、顏色、溫度、表面積和運動，全都可以從一物體到另一物體以連續的方式遞變。例如，就形狀、大小和顏色來說，蘋果之間並無明顯的等級。可是，在原子尺度上，情況卻完全不同。原子粒子的性質，如它們的運動、能量和自旋，並不總是表現出類似的連續變化，而是可以相差一些分立量。古典牛頓力學的一個假

設是：物質的性質是連續變化的。當物理學家發現這一觀念在原子尺度上不適用時，他們不得不設計一種全新的力學體系 —— 量子力學，以解釋標誌物質原子特性的團粒性。所以可以說，量子論就是導出量子力學的基礎理論。

考慮到古典力學在描述從撞球到恆星與行星所有物體的動力學方面的成功，人們將它在原子尺度上被一種新的力學體系所取代看作是一場革命也就不足為奇了。不過，通過用量子論解釋許多經典力學無法解釋的現象，物理學家很快就發現了量子論的價值。這樣的現象是如此之多，以至今天量子論常常被譽為一種前所未有的、最成功的科學理論。

# 起源

由於德國物理學家馬克斯・蒲朗克（Max Planck）發表的一篇論文，量子論在一九〇〇年開始蹣跚起步了。當時，蒲朗克正在研究十九世紀物理學懸而未決的一個

問題，即熱物體的輻射熱能在不同波長上的分布問題。在某些理想條件下，此能量是按特定方式分布的。蒲朗克證明：只有假設物體以分立包或分立束發射電磁輻射，才能對這種方式做出解釋。他稱這種分立包或分立束為量子。當時他並不知道物體何以會有這種不連續性，只是特設地（ad hoc）被迫接受而已。

一九〇五年，量子假說得到了愛因斯坦（Einstein）的支持，他成功地用它解釋了人們觀察到的光能量從金屬表面置換電子的現象，即所謂的光電效應（Photoelectric effect）。為了說明這種奇特的現象，愛因斯坦不得不將光束看成是後來稱為「光子」的分立粒子流。對光的這種描述似乎與傳統觀點格格不入。按照傳統觀點，與所有電磁輻射一樣，光也由連續的波組成，它的傳播符合馬克士威著名的電磁理論，而這一理論早在半個世紀前就已牢固地建立起來了。事實上，早在一八〇一年，光的波動性就由湯瑪斯·楊（Thomas Young）用其著名的「雙縫」裝置從實驗加以證實了。

然而，波動－粒子二元性（wave-particledichotomy）

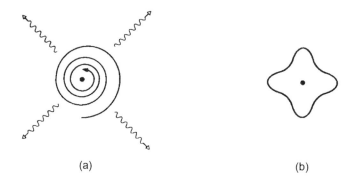

圖一　古典原子的坍縮。(a) 牛頓和馬克士威的理論預言，原子
軌道上的電子會穩定地輻射電磁波，從而損失能量，螺旋式地
落向原子核。(b) 量子論預言存在著分立的不輻射能階，能階中
與電子相關聯的波正好與原子核相適應，形成類似於樂器的不
同音調的駐波。

並不局限於光。當時的物理學家們也關注原子的結構，他
們尤其為電子圍繞原子核運動卻又不發射輻射所困惑。因
為根據馬克士威電磁理論，沿彎曲路徑運動的帶電粒子必
然會輻射電磁能；如果這種輻射持續進行，原子軌道上的
電子就會迅速失去能量，螺旋式地落向原子核（見圖一）。
　　一九一三年，尼爾斯・玻耳提出：原子中的電子也是
「量子化」的，即它們能夠處於一些固定的能階（energy

level，能級）上而不損失能量。當電子在能階間躍遷時，電磁能以分立的量被釋放或吸收。實際上，這些能量包就是光子。

可是，原子中的電子何以會以這種不連續的方式活動，當時人們並不清楚，直到後來物質的波動性被發現後，人們才恍然大悟。克林頓·戴維森（Clinton Davisson）和其他人的實驗以及路易·德布羅意（Louis de Broglie）的理論引出了下述概念：電子和光子一樣，在不同的條件下，既可表現出粒子性，也可表現出波動性。按照波動圖像，玻耳提出的原子能階相當於圍繞原子核的駐波模式。就像一個共振空腔可以對不同的分立音調產生共鳴那樣，電子波也可以按一定的能量模式振動。僅當此模式變化時（相當於從一個能階轉變到另一個能階），才有一個電磁擾動發生，伴隨著輻射的發射或吸收。

不久，人們便明白了；不僅電子，而且所有次原子（subatomic）粒子都有相似的波動性。

顯然，由牛頓表述的傳統力學定律以及馬克士威的電磁定律，在原子和次原子粒子的微觀世界中完全失效

了。為了解釋這種波動―粒子二元性，到一九二〇年代中期，厄文‧薛丁格（Erwin Schrodinger）和韋納‧海森堡（Werner Heisenberg）另外建立了一個新的力學體系，即量子力學。

新的理論獲得了極大的成功，它很快幫助科學家說明了原子結構、放射性、化學鍵以及原子光譜等的細節（包括種種電磁場效應）。這個理論經過保羅‧狄拉克（Paul Dirac）、恩里科‧費米（Enrico Fermi）、馬克斯‧玻恩（Max Born）和其他人的進一步發展，最終導致對核結構與核反應、固體的電性質與熱力學性質、超導性、物質基本粒子的產生與湮滅、反物質存在的預言、某些坍縮恆星的穩定性及其他眾多事例做出了令人滿意的解釋。量子力學也促使包括電子顯微鏡、雷射和電晶體在內的實用硬體有了最大限度的發展。極端靈敏的原子實驗已經以令人難以置信的精確度證實了存在著微妙的量子效應。五十年來，未發現任何實驗結果否定量子力學的預言。

所有這些成就都表明，量子力學是一個真正值得注意的理論，一個以科學上史無前例的精度正確描述世界

的理論。當今絕大多數的物理學家，如果不是幾乎不加思索，就是完全信賴地應用著量子力學。然而，這個富麗堂皇的理論大廈卻是建立在一種深奧和不穩定的詭論（paradox，佯謬）之上的，這個詭論使有些物理學家斷言：這個理論最終是無意義的。

這個問題早在一九二〇年代末和三〇年代初就為人們所知曉，它與該理論的技術層面無關，而涉及到對理論的詮釋。


# 是波還是粒子？


量子的奇異性在像光子這樣的物體上得到了充分展現，因為光子既有波動性，又有粒子性，能夠產生繞射和干涉圖案，這是光的波動性的可靠驗證。但另一方面，在光電效應中，光子卻又像以椰子為靶子的投靶遊戲那般，把電子從金屬中敲出來。在這裡，光的粒子模型似乎更合適些。

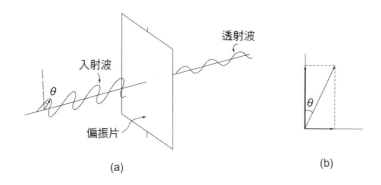

(a)                                          (b)

圖二　可預見性的破滅。(a) 按古典理論，偏振光波通過偏振片時，其光強減弱為 $\cos^2\theta$，透射波沿「垂直」方向偏振。如果把光視為由相同光子組成的光子流，這一現象只能這樣說明，即假設有些光子通過了，有些則被阻擋。哪些光子通過，哪些光子受阻無法預見，僅知機率分別為 $\cos^2\theta$ 和 $\sin^2\theta$。(b) 注意：入射波可看作是「垂直」偏振波與「水平」偏振波的疊加波。


　　波動性與粒子性的並存，很快就引出了關於自然的一些令人驚訝的結論。讓我們考慮一下一個熟知的例子。假設有一束偏振光射向一片偏振材料（見圖二）。標準電磁理論預言：如果光的偏振面平行於材料的偏振面，光就全部透過；但是，如果兩者成直角，則無光透過；如果角度居中，則有部分光透過。例如，當成四十五度角時，透射

光強度應恰好為原光的一半。實驗證實了這一點。

現在，如果減弱入射光束的強度，以致一次僅有一個光子通過偏振片，我們就會遇到難題，因為一個光子不可能再分割，任一給定的光子要不就是通過了，要不就是被阻擋了。當角度為四十五度時，從總體上說，必定是一半光子通過，另一半光子被阻。但哪些光子通過了，哪些光子被阻呢？由於所有具有同等能量的光子都被假定是相同的，因而它們是不可分辨的，所以我們只能得出這樣的結論，即光子通過偏振片純粹是一個隨機過程。雖然任何一個給定的光子都有五十對五十（機率為二分之一）的機會通過偏振片，但要預見哪些光子將通過卻是不可能的。人們只能猜測其機率。隨著角度的改變，此機率在零到一的範圍內隨之變化。

這個結論是引人入勝的，但也使人不安。在量子物理學發現之前，人們認為世界是完全可預見的，至少在理論上如此。尤其是，如果做相同的實驗，人們相信會得到相同的實驗結果。但是，在光子與偏振片的情形中，人們卻能非常明顯地發現，兩個相同的實驗產生不同的實驗結

果：一個光子在某實驗中通過了偏振片，而另一個完全相同的光子在另一次實驗中卻通不過。顯然，這個世界並不是完全可預見的。一般說來，在觀察之前，我們不可能知道某個給定光子的命運。

上述概念暗示：在光子、電子、原子和其他粒子的微觀世界中，存在著一種不確定因素。一九二七年，海森堡以其著名的測不準原理（uncertainty principle，不確定原理），定量描述了這種不確定性。這一原理的表述形式之一與試圖同時測量一個量子物體的位置和運動有關。具體地說，如果要非常精確地測量電子的位置，我們就不得不捨棄有關它的動量的訊息。反之，我們可以很精確地測出電子的動量，但這樣一來，它的位置就變得不確定了。因為恰恰是試圖確定電子確切位置的作用，對電子的運動產生了不可控制和無法確定的干擾，反之亦然。而且，這種無法迴避的對我們認識電子運動與位置的限制，並非只是實驗粗陋的結果；它是自然界固有的。很顯然，電子**並非**同時**具有**位置和動量。

由此可見，在微觀世界中存在著一種本質的模糊性，

一旦我們試圖測量兩個不相容的可觀察量（如位置和動量），這種模糊性便顯現出來。這種模糊性的後果之一就是摒棄了電子（或光子或其他任何粒子）在空間上沿特定路徑或軌跡運動的直觀概念。對古典概念中遵循特定路徑運動的粒子來說，在任何時刻它都具有一個位置（路徑上的一個點）和一個速度（路徑的切向量）。

而一個量子粒子則不可能同時具有這兩者。

在日常生活中，我們確信，嚴格的因果律使子彈打到其靶上，或使軌道上的行星在空間沿精確的路徑運行。我們不會懷疑，當子彈射到靶子時，著靶點即為一起始於槍管的連續曲線的終點。而對於電子來說，情況就不同了。我們能夠識別其出發點和終點，但並非總能推斷出一條連接它們的特定路線。

幾乎沒有什麼比湯瑪斯・楊著名的雙縫實驗（見圖三）更能顯示量子的模糊性了。在這個實驗中，一個很小光源發出的光子（或電子）束向穿有兩個窄孔的屏幕運動，在第二個屏幕上產生了雙孔的像，它由明暗不同的干涉圖樣組成，因為通過一孔的波遇到了來自另一孔的波。

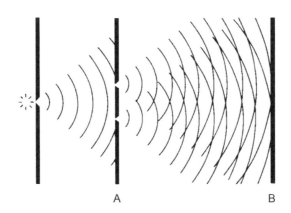

图三　是波還是粒子？在這個雙縫實驗中，電子或光子從源出發，通過 A 屏上的兩個相鄰的小孔，到達 B 屏。在 B 處，它們的抵達率受到監測。觀察到的不同強度的圖樣顯示出波的干涉現象。

波同步到達的地方，波則加強；波反相到達的地方，波則相互抵消。由此，光子或電子的波動性得到了明確的證實。

　　但是，射束也可以看成是由粒子組成。再假定讓光束的強度減弱，使在某一時刻僅有一個光子或電子通過小孔。自然，每一個都到達像屏上一個確定點，它留下的一個小點可以記錄下來。

　　其他粒子到達其他點，也留下它們的小點。初看起

來，這一效應似乎是隨機的，但隨著小點的增多，一個由小點組成的圖案逐漸形成。每個粒子不是強制地而是按「平均律」落向像屏上的一個具體地點。一旦有大量粒子通過此系統，一個有規則的圖樣就產生了，這就是干涉圖案。因此，任一給定的光子或電子都不能產生一個圖案，它僅僅造就一個點。雖然每一個電子或光子顯然可以自由地到達任意點，但它們還是以機率的方式合作建立起干涉圖。

現在，如果兩孔之一被擋住，那麼電子或光子的平均行為就會發生戲劇性的變化，干涉圖就會消失了。這個干涉圖也不可能從疊加兩個由單縫產生的圖樣中得到。只有當雙孔同時打開時，才有干涉圖產生。因此，每個光子或電子必定是以某種方式，**獨自**感知到開著的是雙孔還是單孔。但如果它們是不可分割的粒子，它們是如何做到這一點的呢？從粒子來看，每個粒子僅能通過一個小孔，但它卻知道另一孔的開啟情況。這究竟是怎麼回事？

回答這個問題的方法之一，是回想量子粒子在空間不具有確定的運動路徑。我們可將每個粒子看成是這樣的東

西，即它擁有無數條運動路徑，而每條路徑都對它的行為起作用。這些運動路徑或路線穿過屏幕上的兩個孔，並對每個窄孔進行編碼。這就是粒子所以能夠在擴展的空間區域內隨時感知情形變化的原因。粒子行為的模糊性使它能夠「感覺到」眾多不同的路徑。

假定有一個持懷疑態度的物理學家，在兩孔前各放一個探測器，那麼，為了預先知道某個電子向哪一孔運動，難道他就不能在不讓電子「察覺」，且不改變其運動的情況下，突然擋住另一孔嗎？如果我們考慮一下海森堡的測不準原理，我們就能看到，大自然智取了這個狡猾的物理學家。因為要使對各個電子位置的測量精確到足以識別它朝哪個孔運動，電子的運動就會受到極大的干擾，致使干涉圖硬是消失了。正是探究電子向何處去的作用使雙孔合作歸於失敗。只有當我們決定不去跟蹤電子的運動路徑時，電子對兩條路徑的「知識」才會顯現出來。

約翰・惠勒（John Wheeler）曾指出上述二元性的一個更引人入勝的推論，即究竟是以實驗來確定電子的路徑，還是放棄這種訊息與實驗，而代之以干涉圖，此項

決定可延遲到任何給定的電子**已經通過**裝置**後**做出。在這個所謂的「延遲選擇實驗（delayed-choice experiment）」中，實驗者似乎決定在某種程度上影響先前的量子粒子將如何行動，儘管必須強調指出，所有量子過程的不可預見性都禁止這種逆時發送信息或以任何方式「改變」過去。

圖四所示的實驗設計，為實施與延遲選擇實驗有關的實驗（用光子而非電子）所做的，它是近來由卡羅爾・艾雷（Caroll Alley）及其同事在馬里蘭大學所做的一個實驗的基礎。入射到半鍍銀鏡 A 上的雷射光分成兩束，它們與楊氏實驗中穿過狹縫的兩條路徑相類似。光束在 M 鏡被反射，使光束改變方向後相交並分別進入光子檢測器 1 和 2。這樣，由光子檢測器 1 或 2 檢測到任一給定光子，就足以說明它是從兩條路徑中的哪一條而來。

現在，如果在交叉點插入第二塊半鍍銀鏡 B（見圖四），兩束光將重新會合，部分沿圖示路線進入 1，部分進入 2。這會導致波的干涉效應，而且分別進入 1 和 2 的光束的強度將取決於兩束光在交叉點的相對位相。通過調整光程長度，可以改變這些位相，因此可以掃描出干涉

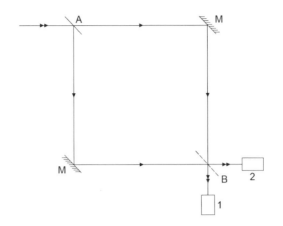

**圖四** 關於惠勒延遲選擇實驗的一個實際方案的示意圖。

圖。尤其可以這樣安排位相,使得相消干涉導致進入 1 的光強為零,百分之百的光都進入 2。採用這種安排,此系統類似於原始的楊氏實驗。在楊氏實驗中,不可能指明任一給定的光子取道兩條路線中的哪一條(不嚴格地說,每個光子都取道兩條路線)。

現在,關鍵是第二塊半鍍銀鏡 B 是插入還是不插入這個決定,可以延遲到一個給定光子已經到達交叉點時才做出。換句話說,光子**將**經由一條路線還是兩條路線穿過該光學系統,是在穿越**之後**才予以確定的。

# 這一切意味著什麼？

電子、光子和其他量子物體在行為上時而像波，時而像粒子的事實，常常引發這樣的問題，即它們「究竟」是什麼？玻耳後期的工作奠定了這類問題的傳統見解。他相信他已發現了量子力學的一致性詮釋。這一詮釋通常稱作哥本哈根詮釋（Copenhagen interpretation），這是根據玻耳於二〇年代在丹麥建立的玻耳物理研究所命名的。

玻耳認為，探究電子「究竟」是什麼，實際上是沒有意義的。或者至少，當你這樣提問時，物理學家不可能給出答案。他宣稱，物理學告訴我們的並不是世界**是**什麼，而是關於世界我們能夠**談論**什麼。特別是，如果一位物理學家就一個量子系統做一次實驗，只要實驗裝置的全部細節為已知，那麼，物理學便能夠就他可以觀察的東西做出一個有意義的預見，從而能以明白的語言告訴他的同行。

例如，在楊氏實驗中，我們有一個明確的選擇：要麼我們聽任電子或光子自由行動，並觀測干涉圖；要麼我們探查粒子的徑跡，從而失去干涉圖。這兩種情況並不矛

盾，而是互補的。

　　同樣，也存在位置－動量的互補性。我們既可以選擇測量粒子的位置，這時它的動量是不確定的；我們也可以測量動量，而放棄其位置的訊息。每個性質 —— 位置和動量 —— 都構成了量子物體的一個互補方面。

　　玻耳把這些思想上升為**互補**原理（Principle of complementarity）。例如，在波動－粒子二元性中，量子物體的波動性和粒子性構成了其行為上互補的兩方面。他堅稱，我們絕不會遇到這兩種不同行為在其中彼此衝突的實驗。

　　玻耳思想的一個深層的推論是：關於宏觀與微觀、整體與部分之間的關係，傳統的西方觀念被徹底改變了。他斷言，在你弄清楚一個電子在幹什麼之前，你必須指明全部的實驗條件。比方說，你要測量什麼？你的實驗裝置是如何安排的？等等。因此，微觀世界的量子實在性必然跟宏觀世界的組織纏繞在一起。換句話說，離開了同整體的關係，部分是沒有意義的。量子物理學的這種整體性特徵，在東方神祕主義的信徒中大受歡迎。神祕主義哲學

包含在印度教、佛教和道教等東方宗教之中。實際上，在量子論的早期，包括薛丁格在內的許多物理學家很快就發現，部分與整體的量子概念與東方關於自然界的統一與和諧的傳統概念十分相似。

玻耳哲學的核心是下述假設：不確定性和模糊性是量子世界固有的，並不僅僅是我們對它不完全感知的結果。這是一個難以捉摸的問題。我們知道許多不可預見的系統：天氣的多變，股市和輪盤賭轉盤的千變萬化是一些極其熟悉的例子。然而，這些並沒有迫使我們對物理學定律作根本性的重新評估，因為日常生活中大多數事情的不可預見性，其根源在於這樣的事實，即我們缺乏足夠的可資計算的訊息，而這些訊息對精確預見是必不可少的。比如在賭輪盤的情形中，我們求助於統計描述。同樣，在古典熱力學中，大量分子的集體行為可以用統計力學以平均法成功地予以描述。然而，在那種情形下，計算所得的平均值的漲落，並不具有固有的不確定性，因為原則上，對每一個參與的分子都能給出完全的力學描述（忽略這個例子中的量子效應）。

一旦某些與動力學變量有關的訊息被棄置時，模糊性和不確定性就被引入到我們對系統的描述之中。然而，我們知道這種模糊性實際上就是我們決定摒棄的所有變量的活動性的結果。我們可以稱它們為「隱變數」（hidden variables）。它們始終是存在的，只是我們的觀察可能過於粗糙，難以將它們揭示出來。例如，我們對氣壓的測量就很粗糙，因而不能揭示出單個分子的運動。

　　為什麼我們不將量子模糊性也歸因於更深層次的隱變數呢？隱變數理論使我們能夠將量子粒子渾沌的、表觀上不確定的行為描述成是由下一層次上完全決定的力所驅使的，這樣，關於一個電子的位置和動量不能同時確定的這一事實，就可歸咎於我們裝置的粗糙性，因為它們還不能對這個更為精細的下一層次做出探測。

　　愛因斯坦就相信，事情必定如上所述。他相信，在量子瘋人院的底下，必定存在著人們熟悉的充滿因果關係的古典世界。他曾用心設計了多種思想實驗，以檢驗他的想法。其中最精細的一個是他在一九三五年與鮑里斯·波多爾斯基（Boris Podolsky）和納森·羅森（Nathan Rosen）

合寫的一篇論文中提出的，這篇論文現已廣為人知。

# 愛因斯坦－波多爾斯基－羅森（EPR）實驗

　　這個思想實驗的目的是為了揭示對擴展於大空間區域上的物理系統進行量子描述所具有的深刻的奇異性。這個實驗讓我們考慮，通過同時窺視粒子的位置和動量從而騙過海森堡的測不準原理。其採用的方法是通過一個粒子的「共犯」粒子，完成對該粒子的測量。

　　假設一個單一的穩定粒子爆裂成相同的兩個碎片 A 和 B（見圖五）。海森堡的測不準原理顯然不准我們同時知道 A 或 B 的位置與動量。然而，由於作用與反作用定律（即動量守恆），對 B 動量的一次測量可以用來導出 A 的動量。同樣，根據對稱性原理，A 離爆炸點的運動距離與 B 相等，所以 B 的位置測量揭示了 A 的位置。

　　B 的觀察者可以依其意願隨意觀察 B 的動量或位置，

圖五　從其共同中心（假設為靜止）飛開的兩個等質量碎片，具有等值反向的動量，它們距中心的距離始終相等。因此，對 A 的動量或位置的測量，揭示了 B 的動量或位置。

他因此也能根據選擇，知道 A 的動量或位置。所以，接下來對 A 的動量或位置的觀察，其結果將是可預見的。

　　愛因斯坦爭辯道：「如果不以任何方式干擾一個系統，我們就可以確定地預見……一個物理量的值。這樣，對應於這個物理量就存在有一個物理實在要素。」他因此得出結論：在上述情形中，根據 B 處觀察者的選擇，粒子 A 必定具有一個真實的動量或位置。

　　現在的關鍵是，如果 A 和 B 已相互飛離非常遠，則人們就不太願意再假設對 B 的測量會影響到 A。至少，A 不可能即時受到 B 的直接影響，因為根據狹義相對論，任何信號或影響的傳遞不可能快於光速。至少在光從 B 傳至 A 所需的時間裡，A 不可能知道對 B 實施了一次測量。從

理論上說，這個時間可能是幾十億年！

　　玻耳反覆重申他的哥本哈根哲學，以拒絕愛因斯坦的推理。這種哲學認為，必須以整體性的眼光來看待量子粒子的微觀性質。在 EPR 實驗中，被測量的相距很遠，但關聯著的「共犯」粒子構成了量子系統不可分割的一部分。雖然在 A 與 B 之間沒有直接的訊號傳遞，但按照玻耳的觀點，這並不意味著在討論 B 的情況時，可以忽略對 B 的測量。所以，儘管在 A 與 B 之間沒有實際的物理力在傳遞，但它們仍儼如同謀一般在行動中**彼此合作**。

　　愛因斯坦發現，那種由分別對遠離粒子所做的獨立測量而引伸出的粒子間存在同謀合作的想法是無法接受的。他將它嘲諷為「幽靈般的超距作用」。他認為應將客觀實在性定域在每個粒子上。正是這種定域性最終使他的思想與量子力學格格不入。當時所需要的是一個實際的實驗檢驗，通過揭示粒子行為中的合作或幽靈般的超距作用，來對愛因斯坦和玻耳的觀點做出評判。但是，這樣的實驗卻一等就是半個世紀。

# 貝爾定理

　　一九六五年，約翰‧貝爾（John Bell）研究了二粒子量子系統，並證明了一個強而有力的數學定理，這個定理後來被證明對建立一個實際的檢驗性實驗具有決定性意義。在實質上，這個理論與粒子性質或作用力的細節無關，而以支配全部測量過程的邏輯規則為核心。有一個簡單的例子可以說明這種邏輯規則，如英國的一次人口普查也許不可能發現黑人人數會多於男黑人人數與所有種族的婦女人數之和。

　　貝爾考察了對兩個分離粒子同時進行測量所得的結果之間可能存在的關聯。這些測量可以是關於粒子的位置、動量、自旋、偏振或其他動力學性質。但為方便起見，許多研究人員以偏振作為研究 EPR 關聯的手段。假設角動量為零的母粒子衰變成兩個光子 A 和 B，根據守恆定律，一個光子必定具有與另一個光子相同的偏振態，這可通過在垂直於光子路徑的方位設置兩個測量裝置，分別測定兩個光子相同方向（如向上）的偏振來加以證實。事實上已

**圖六**　貝爾定理應用於從同一個源發出的兩個反向光子。貝爾定理指出，從兩個光子分別測得的偏振結果，其關聯程度存在著限制。


經發現，當粒子 A 通過其偏振片時，B 也總是通過的，即發現了百分之百的**關聯**。反之，如果兩塊偏振片相互垂直安置，則每當 A 通過時，B 被阻擋，這時就有百分之百的**反關聯**。關於這一點並沒有什麼特別之處，因為在通常的古典力學中，這也是正確的。

　　但是，偏振測量裝置相互傾斜放置時（見圖六），決定性的檢驗就出現了。這時，根據所選定的角度（它既可沿平行，也可沿垂直於粒子飛行路線方向改變，還可以隨機改變），我們會發現介於完全關聯與完全反關聯之間的結果。

　　貝爾的目的是發現這類測量結果能夠關聯的程度在理論上有何限制。例如，假設愛因斯坦基本上正確，量子行

為果真是底層渾沌古典作用力的產物；又根據相對論規則，假設超光速傳訊是不可能的。實際上，第一個假設就是通常所說的「實在性」，因為它斷言無論何時，量子物體在確定的意義上都**確確實實**具有**全部**動力學屬性；第二個假設即指「定域性」，有時也稱為「可分離性」，因為它禁止在空間分開（即不在同一區域）的物體彼此之間有即時的物理作用。

在這樣的「定域實在性」雙重假設之下，進一步假定邏輯推理的常規規則並不是建立在量子不確定性基礎上的，貝爾對二粒子同時被測量時其結果的可能關聯程度建立了嚴格限制。而按照玻耳的觀點，量子力學預言：在某些條件下，分離系統的合作程度將**超過**貝爾的極限，也就是說，量子力學的常規觀點要求分離系統之間的合作（或共謀）的程度應超過「定域實在性」理論邏輯上的許可程度。這樣，貝爾定理開闢了對量子力學的基礎做出直接檢驗的道路，使人們能在愛因斯坦的定域實在性世界觀和玻耳充滿亞原子共謀性的幽靈般世界概念之間做出決定性的判決。

# 阿斯佩克特實驗

　　為了檢驗貝爾不等式，人們做了許多實驗，其中最成功的是阿斯佩克特、達利巴德（J. Dalibard）與羅傑（G. Roger）進行的，該實驗發表於一九八二年十二月《物理評論快報》（*Physical Review Letters*）第三十九卷第一八〇四頁上。

　　他們的實驗就是對由鈣原子單次躍遷中同時發射的反向運動的光子對進行偏振測量。實驗設計如圖七所示。

　　此示意圖中的光源 S，是用一對雷射將鈣原子束激發（即雙光子激發）至某態（S 態）形成的，它只能通過雙光子「級聯輻射（cascade）」再次衰變至原態。在光源兩側各約六公尺遠處分別設置一個聲光開關裝置，其原理是利用水的折射率會因受壓而有所改變的這一個事實。

　　在開關內部，利用反向傳感器建立起約兩千五百萬赫茲（25MHz）的超聲駐波。通過使光子以幾乎是全內反射的臨界角射到開關上，實現每半個聲波周期（即頻率為五千萬赫茲）有一次由透射條件向反射條件的轉換。

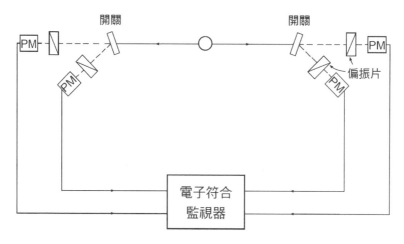

**圖七** 阿斯佩克特實驗設計。來自 S 源的光子對，運行數公尺至聲光開關。通過開關後光子的路徑決定了它將遇到取向不同的哪一片偏振片。實驗用光電倍增管（PM）探測光子，不同通道間的符合由電子儀器監視。

通過開關之後，無論是沿入射路徑（透射之後）出射的光子還是偏轉（通過反射）的光子，都會遇到偏振片，它們會以確定的機率讓光子透過或擋住光子。這些偏振片以不同的角度相對於光子的偏振方向，這樣，光子的命運就由安置在偏振片後的光電倍增管探測器監視。光源兩側的裝置完全相同。

　　這個實驗所做的就是對每對光子的命運進行電子監視，並對其關聯程度進行評估。這一實驗唯一和本質的特徵是：在光子飛行途中，可以任意改變光子的後續路徑（即改變它們將要飛向哪一個偏振片）。這相當於光源兩側的偏振片極快地重新取向，使信號即使以光速也沒有足夠的時間從一側傳遞到另一側。

　　與光子發射壽命（五奈秒）＊和光子飛行時間（四十奈秒）相比，開關每轉換一次約為十奈秒。

　　實際上，在實驗中開關轉換也並不完全是隨機的，而是在不同頻率下，駐波以獨立的方式產生。但除了最機敏

---

＊一奈秒（nano-second）等於十的負九次方（$10^{-9}$）秒。

的隱變數「同謀」理論，這與開關完全隨機轉換之間的差別並不重要。

　　阿斯佩克特等人報導，一次典型的實驗持續一萬兩千秒，此時間等分為三個階段，第一部分實驗的安排如上所述；第二部分實驗是將上述實驗中的偏振片全部拆除；第三部分實驗是在兩側只拆除一個偏振片，這樣就矯正了實驗結果中的系統誤差。


# 實在的本質


　　上述檢驗中的爭論，遠不只是為了在關於微觀世界的各種競爭理論之間做出澄清的技術性問題，而且關係到我們對宇宙及實在本質的看法。

　　在量子力學問世之前，大多數西方科學家認為，我們周遭的世界是獨立存在的，即它是由諸如桌子、椅子、行星和原子這些物體組成的。不管我們觀察與否，它們都在「那裡」存在著。按照這種哲學，宇宙就是這種獨立存

在的物體的總和，它們合在一起就構成了事物的整體。當然，科學家承認，他們對物體所做的任何觀察，都必然會有某種跟它的相互作用，這意味著它不可避免地會受到干擾，但這種干擾被認為只是對已經具體存在的物體的一種偶然微擾。確實，在原則上，對於測量所產生的干擾，我們可將其減少到任意小的限度，而且在任何情況下都能計算到全部細節，所以，經過測量，我們可以精確地推論出被觀察物體的情況。如果情形真是如此，我們確實可以說，在我們觀察物體之前和之後，物體**實際具有**一組完全的動力學屬性（如位置、動量、自旋和能量）。這樣，原子和電子變得僅僅是「小東西」，它們與「大東西」（如撞球）的區別僅僅在**尺度**上，而在實在性上，它們並無本質上的不同。

這幅關於世界的圖像是令人信服的，因為它是一幅最容易符合我們對自然界常識性理解的圖像。愛因斯坦稱它為「客觀實在性」，因為外在事物的實在性地位並不取決於有意識的個體觀察（這與我們夢中的事物相反，夢中事物是主觀實在性的一部分）。但是，正是這個關於客觀實

在性的常識觀念，玻耳以稱作哥本哈根詮釋的哲學觀點向它提出挑戰。

如前所述，玻耳認為，在對某個量子物體進行測量之前就把一組完全的特性賦予它，那是沒有意義的。因此，比方說，在光子偏振實驗中，在測量之前，我們不能簡單說光子具有什麼偏振態，但經過測量，我們就可以確定地賦予光子一個特定的偏振態。同樣，如果面臨的是測量粒子的位置還是動量這樣的選擇，則不可能在測量之前就說該粒子具有這些物理量的特定值。如果我們決定測量位置，其結果是我們知道了粒子的位置，如果我們選擇測量動量，則我們就知道了粒子的運動情況。在前一種情況中，測量完成時，粒子不具有動量；在後一種情況中，粒子並不定域。

我們可藉助一個簡單的例子來說明這些想法（見圖八）。假定一個盒子中裝有單個電子，在觀察之前，電子可於盒中任何地方的可能性都一樣，因此，對應於這個電子的量子力學波均勻擴展於整個盒子內。現在假設有一塊穿不透的隔屏插入盒子中間，將它分成兩個腔室。顯然，

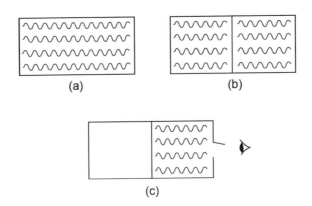

**圖八** 一個量子波的縮併（collapse）。(a) 當一個量子粒子封閉在一個盒中時，它的相關波均勻擴展於整個盒腔內。(b) 插入一個隔屏，將盒腔分隔成兩個腔室。(c) 觀察揭示該粒子位於右腔室中，左腔室中的波（代表在左腔室中發現粒子的機率）立即消失。

電子只可能位於**一個**腔室之中。然而，除非我們看見電子位於哪一腔室，否則，**波**仍將存在於兩個腔室中。觀察將會揭示電子究竟位於哪個腔室中，但就在那一個時刻，按照量子力學規則，波立即從空腔室中消失了，即使那個腔室仍然是完全封閉的。這一情形如同是：在觀察之前，有兩個模糊不清的電子「幽靈」分別匿藏於一個腔室中，等

待一次觀察，以使其中一個變為「實」電子，同時使另一個完全消失。

這個例子也說明了量子力學的非定域性。假設 A 和 B 兩個腔室被分隔，彼此移開很長的距離（比如說一光年），然後一個觀察者對 A 做了觀察，發現 A 包含粒子，這時，即使 B 遠在一光年之外，其中的量子波也即時消失（不過，必須重申：由於每次觀察的不可預見性，這種安排不可用於超光速傳訊）。

一般說來，一個量子系統將處於一個由許多（也許是無限個）疊加量子態所構成的狀態之中。上面所述就是這種疊加的一個簡單例子，它包括兩個不相連結的波圖像，兩個腔室中各有一個。更典型的例子要數楊氏雙縫實驗，在此實驗中，來自兩個裂縫的波相互重疊和干涉。

在前面偏振光穿過傾斜取向的偏振片的討論中，我們曾遇到過這種疊加。如果入射光波與偏振片成四十五度角，我們可將光波視為由互成直角偏振的兩個等強度波相干而成（如圖二所示）。與偏振片平行的波會透過偏振片，而另一個則被阻擋。我們可以把包含有一個與偏振片

成四十五度角的光子的量子態看作是兩個「幽靈」或「潛光子」的疊加，平行偏振的一個得以通過偏振片，而垂直偏振的一個則被阻擋。一旦測量最終完成，這兩個「幽靈」中的一個被提升為「實光子」，而另一個隨之消失。假設測量顯示光子穿過偏振片，則測量前平行於偏振片的「**幽靈**光子」變成了「**實**光子」。但在測量**之前**，我們不能說這個光子「實際存在」，我們只能說該系統處於兩個量子態的疊加之中，沒有哪一個光子具有優先的地位。

物理學家約翰·惠勒常常喜歡引用一個有趣的比喻，它恰當地說明了測量前量子粒子的奇異地位。這個故事實際上是多項提問遊戲的一種翻版：

接下來輪到我了，第四個從房間裡被打發出去，以便讓羅瑟·諾德海姆的其他十五個客人午餐後可以祕密協商，就一個難詞達成一致意見。我被關在門外很長的時間。當最後我被允許進去時，看見每個人的臉上都帶著逗趣或謀算的微笑。但我仍開始探詢那個詞。「它是動物

嗎？」「不是。」「它是礦物嗎？」「是的。」「它是綠的嗎？」「不是。」「它是白的嗎？」「是的。」這些答案答得很快。但接下來卻答得慢了。很奇怪，雖然我要求朋友們回答的只是「是」或「不是」，但被問者在回答前卻想了又想，在「是」與「不是」間猶豫不決。最後，我覺得我已經逼近謎底，那個詞很可能是「雲」。我知道我只有一次機會說出最後的那個詞。我大膽地說：「是雲嗎？」「正確。」隨著答聲，眾人都發出了歡笑。他們向我解釋說，他們原先並未在屋裡約定一個詞，他們商定不採用約定一個詞的方法，每個人被問時都可隨心所欲地回答，但他必須事先想好，而且他的回答必須與前面所有已做出的回答相適應。否則，如果我提出責問，他就算輸。這樣，這種別具一格的多項提問遊戲，對我和我的夥伴都成了難玩的遊戲。

這個故事有什麼象徵意義呢？我們曾經認為，世界是獨立於任何觀察而「外在」存在的。

我們曾經認為原子中的電子在任何時候都具有確定的位置和動量。我進屋時，曾相信屋內有一個確定的詞，而實際上，這個詞是我透過提問，一步一步發展出來的，就如同有關電子的訊息是由觀察者所選擇的實驗，即由他用於實驗的記錄設備而帶出來的一樣。如果我提不同的問題，或以不同的順序提相同的問題，就不會得到相同的詞，正如實驗者對電子行為會有不同的描述一樣。然而，我帶出「雲」這一特定詞的能力僅僅是事情的一部分，選擇的主要部分存在於屋內同伴們「是」與「不是」的回答之中。同樣，實驗者透過選擇他要做的實驗（即他要向自然提出的問題），能對電子將發生的行為產生某種實質性的影響。但他知道，對任一給定的測量將會有什麼結果，對自然將會怎樣回答以及對「上帝玩骰子」時會發生什麼，存在著一種不可預見性。量子觀察世界與上述另一種形式的多項提問遊戲實際上是風馬牛不相及的，但它們卻有一個共同

點：在提問遊戲中，透過選擇一系列回答，最終將一個詞提升為「實詞」之前，沒有一個詞是「實詞」。而在量子物理學的實際世界中，**在現象被記錄之前，沒有一種基本現象是實在的現象。**

因此，關於實在的哥本哈根觀點必然是奇特的，它意味著一個原子、電子或其他任何粒子都不能說是以其名稱的全部和常規的意義而獨立「存在」的。

這自然會引發出這樣的問題，即什麼是電子？如果它不是「外在」存在的某種**東西**，那我們何以能如此有把握地談論電子呢？

一方面，玻耳的哲學似乎把電子和其他量子實體降到了非常抽象的境地，但另一方面，如果我們把電子當作是實際存在、單純地應用量子力學的法則，我們似乎仍能得出某些正確的結論。

對所有適當的物理問題（如原子中的電子具有多少能量），我們仍可以計算出答案，並與實驗結果相吻合。

涉及電子的一個典型的量子計算是計算原子激發態的壽命。如果我們知道原子在 $t_1$ 時刻被激發，則量子力學使我們能計算出原子在稍後 $t_2$ 時刻不再處於激發態的機率。因此，量子力學為我們提供了關聯兩次觀察（一次在 $t_1$ 時刻，另一次在 $t_2$ 時刻）的**計算法則**。在這裡，所謂「原子」是作為一種模型出現的，它使這個計算法則能預見到一種具體結果。在原子衰變過程中，我們實際上從未對它做直接觀察。對於它，我們所知道的一切都來自對其在 $t_1$ 和 $t_2$ 時刻的能量狀況的觀察。顯然，除非是必須獲得滿意的實際觀察結果，我們沒有**必要**就原子假設更多的東西。由於「原子」概念從來就是只在對它進行觀察時才會碰到，所以，人們可以辯稱：物理學家需要關注的只是觀察結果間客觀的關聯，而這種客觀性，並非只有把原子視為「實際存在」的獨立體系才能獲得。換句話說，「原子」只不過是談論一組連結不同觀察結果的數學關係的簡便方法而已。

　　認為世界的實在性源於觀察的哲學觀類似於所謂的邏輯實證論，它似乎有些不合我們的胃口，因為在大多數情

況下，即使沒有觀察，世界的行為**彷彿**也仍然具有獨立性。實際上，僅當我們目睹量子現象時，這種印象才顯得站不住腳。但即便如此，許多物理學家在其實際工作中仍繼續以常識性方式考量微觀世界。

導致這種局面的原因在於，人們所採用的許多十分抽象的數學概念已廣為人知，以至於它們本身彷彿具有了某些實在性。在古典物理學中，情況也是如此。比如能量概念就是一個例子。能量實際上是一個十分抽象的量，為了簡化複雜的計算，我們將它作為一個有用的模型引進到物理學中。雖然你不可能看見或摸到能量，但現在能量一詞在日常交談中卻廣泛地出現，以致人們把能量看成了確實存在的實體。實際上，能量只不過是以簡單的方式將力學過程中各種觀察結果聯繫起來的一組數學關係的一部分。玻耳哲學的含意是，人們也應該按同樣的方式來看待電子、光子或原子這些詞，即它們只是一些在我們的想像中固定一組關聯各種觀察結果的數學關係的有用模型。

# 測量詭論

　　儘管含意奇特，玻耳所謂的量子力學的哥本哈根詮釋，實際上是物理學家們的「正式」觀點。在實際運用量子力學時，物理學家很少需要面對任何知識論上的問題。他們只需系統地運用量子法則，其餘的一切理論會替他們處理，即它能正確地給出實際測量結果，而這些結果，正是物理學家所關心的事。然而，有些物理學家並不滿意就此止步，因為在哥本哈根詮釋的核心中，似乎存在著一個毀滅性的詭論。

　　玻耳觀點的核心是：一般來說，只有在做了特定測量（或觀察）之後，我們才能有意義地談論一個系統的物理屬性。顯然，這賦予測量作用一種關鍵和特殊的物理地位。如我們已看到的，指明測量的內容必須具體說明測量裝置的類型和定位。這意味著我們大家可以就「一個蓋格計數器（Geiger counter）放置在離待測物兩公尺的地方」之類的短語所包含的意義取得一致的看法。

　　但當我們問到量子系統與宏觀測量裝置之間的分界線

畫在何處時，難題就出現了。因為歸根究柢，蓋格計數器本身也是由原子組成的，並受量子行為支配。

按照量子力學的規則，一個量子系統可按兩種不同的方式在時間中演化。只要該系統可認為是孤立的，它在時間上的演化就可用數學家所謂的么正運算（unitary operation）來描述。在更物理化的術語中，么正演化對應於下述情況，即假設系統的狀態由幾個相疊加的不同的波圖組成（見第三十四頁），則不同的分波會不斷相互干涉，產生一個複雜和變化的圖像，如同池塘表面的漣漪。實際上，這種量子演化的描述與其他任何似波系統的描述極為相似。

對比之下，現在假定實施某種測量，戲劇性效果就產生了。在突然之間，除了留下與「答案」相對應的單一波圖外，其他所有構成波全部消失了。干涉效應停止，隨後的波圖徹底改變了（在第五十五頁已給出例子）。波的這種似測量演化是不可逆的。我們不可能取消它，恢復原先複雜的波圖。在數學上，這種躍遷是「非么正的」。

我們如何來理解量子系統中這兩種完全不同的行為模

式呢？顯然，在測量時所發生的驟然變化，與這樣的事實有關，即此時量子系統與測量裝置相耦合，它們彼此有相互作用。此時量子系統不再是孤立的。數學家馮紐曼（J. von Neumann）曾證明，對於一個模型系統來說，這種耦合確實具有前述效應。然而，我們在這裡再一次遇到了測量的基本詭論。測量裝置本身是由原子構成的，所以服從於量子行為規則。但在實際上，我們並不注意宏觀裝置中的任何量子效應，因為它實在太小了。雖然如此，如果量子力學是一個一致性理論，則無論裝置多大，量子效應必然存在。這樣，我們只能選擇將被測物體與測量裝置的耦合看成是一個單一的大量子系統。但是，假設這個複合系統可看作是從更大的系統中分離出來的，則同樣的一些量子力學規則，包括么正演化規則在內，現在就可以應用於更大的系統中了。

為什麼說這是一個問題呢？假設原先的量子系統為兩態疊加，如前述的與偏振片成四十五度的偏振光的情形。在那種情形中，入射態為兩個可能的光子態的疊加，其中一個平行於偏振片，另一個垂直於偏振片，測量的目的是

觀察光子是穿過還是受阻於偏振片。測量裝置也有兩種宏觀狀態，每一種都與光子的兩種偏振態關聯。這樣麻煩就來了。根據應用於該複合系統的量子力學規則，現在此裝置也成了態的疊加了。確實，如果該裝置設計良好，由這兩態疊加（即干涉）產生的效應將是微乎其微的。但在理論上，這種效應還是存在的，我們因此必然得出結論：現在測量裝置本身也處於某種不確定狀態之中。對於電子和光子等，我們已承認它們處於這種狀態。

馮紐曼由此得出結論，即只有當測量裝置本身事先也受到一次測量，從而激起它「下定決心」——專業上稱為波函數縮併（collapse）——至某特定本徵上時，它才能被認為確實完成了一次不可逆的測量。但這樣我們陷入到無限迴歸中去了，因為這第二個測量裝置本身也需要另一個裝置將之「縮併」成一個具體實在的狀態。依此類推，彷彿測量裝置對一個系統的耦合能使量子態幽靈似地疊加侵入實驗室一樣。這種將宏觀物體放入量子疊加中的情況，戲劇性地向我們展示了量子論的奇異性。

# 薛丁格的貓詭論及更糟的情況

　　早在一九三五年，量子力學的奠基人之一薛丁格就已意識到有關量子疊加的哲學困惑可以在宏觀水平上出現。他透過一個現已廣為人知的與貓有關的思想實驗，戲劇性地說明了這一問題（圖九）。

　　將一隻貓關在鋼盒內，盒內設如下惡魔般的裝置（須保證此裝置不受貓的直接干擾）：在蓋格計數器中有些放射性物質，它非常少，也許在一小時裡僅有一個原子衰變，或一個也沒有，兩者機率相同。如發生原子衰變，計數管便放電，並通過繼電器將錘釋放，擊碎裝有氫氰酸的小瓶。假如人們將這個系統棄置一小時，如果在此期間沒有發生原子衰變，人們會說貓是活的。如果有一次原子衰變，貓必被毒死。

　　我們心裡十分明白，那隻貓**非死即**活。但按照量子力

圖九　薛丁格貓詭論。毒殺裝置將一個量子疊加態放大到了宏觀尺度，它似乎顯示了貓既死又活的矛盾狀態。本圖引自 B. S. Dewitt (1970), Quantum mechanics and reality, *Physics Today*. 23, 9。

學的規則，盒內整個系統為兩種態的**疊加**，一態為活貓，另一態為死貓。可是，一隻「活─死貓」作何解釋呢？也許只有貓本身知道自己是死是活。然而，按照馮紐曼的迴歸推理，我們只能得出結論：這隻不幸的動物將一直處於又死又活的狀態，直到某人窺視盒內看個究竟為止。這一剎那，貓可能變得生氣勃勃，也可能即刻死亡。

　　如果把貓換成人，那這個詭論就變得更加尖銳了，因

為在那種情況下，關在盒內的那位朋友自始至終都知道自己健康與否。如果實驗者打開盒子，發現他仍活著，則實驗者可以問他，在此觀察（這顯然是至關重要的）之前，他的感覺如何。很顯然，這位朋友會回答，在整個過程中，他都百分之百地活著。然而這與量子力學格格不入。量子力學堅稱，在盒內情況被觀察之前，那位朋友將處於活－死的疊加狀態之中。

貓詭論使我們本來有的希望徹底幻滅。我們曾希望量子幽靈僅以某種方式局限於原子那朦朧的微觀世界中，並希望在原子世界中實在的詭論性質與日常生活和體驗互不相關。如果量子力學作為對所有物質的正確描述而被接受，這些希望必然是會落空的；如果遵循量子論的邏輯至其最終結論，則絕大部分物理世界似乎都會消失在陰影似的幻覺之中。

和其他許多人一樣，愛因斯坦絕不會接受這種邏輯結論。事實上他曾經提問過，在無人注視時，月亮是否真實存在？把觀察者當作物理實在的一個關鍵因素的想法，似乎有悖於摒棄個人色彩，追求客觀性的科學精神。如果我

們不是對一個「外在的」具體世界進行實驗和推測，那全部科學不就退化為追求想像的遊戲了嗎？

那麼，測量詭論的解答何在呢？實際上，正是圍繞著這一個問題，我們的採訪對象來到了我們面前，因為就像我們將要看到的那樣，他們對這個問題都有各自的觀點。現在讓我們先考察一下其中幾種普遍的見解。

## 實用主義觀點

大多數物理學家並不對量子論的邏輯結論做追根究柢的追尋。他們心照不宣地假設，在原子與蓋格計數器之間的某個層次上，量子物理學以某種方式「轉化成」古典物理學。在古典物理學中，人們對桌子、椅子和月亮的獨立實在性是從不懷疑的。玻耳曾經說過，這種轉化要求量子擾動具有「不可逆的放大作用」，它能產生一個在宏觀上可測得的結果。但是，這種作用的準確結果是什麼，玻耳沒有說清楚。

## 精神控制物質

觀察在量子物理學中所起的關鍵作用，必然將人們引向精神與意識的本質以及它們與物質的關係等問題。事實上，一個量子系統一旦被觀察後，它的態（波函數）通常即刻就會發生改變，這聽上去很像是「精神支配物質」的想法。彷彿就在實驗者覺察到測量結果的同時，其心理狀態的變動會以某種方式回饋給實驗裝置，進而回饋給量子系統，使量子系統的態也發生變化。簡而言之就是，物理態作用改變實驗者心理狀態，實驗者心理狀態又反作用於物理態。

在前面，我們曾提到馮紐曼如何想像出一個永無止境的測量裝置鏈，每一個裝置都「觀察」鏈中的前一個成員，但沒有一個裝置帶來波函數的「縮併」。因此，僅當一個有意識的個體介入時，此鏈才會終止。所以，只有測量結果進入某人的意識中時，由全部量子「邊緣」態組成的整個金字塔才會縮併成具體的實體。

尤金・魏格納（Eugene Wigner）就是一位積極倡導這種說法的物理學家。在魏格納看來，在量子態驟然不可

逆的變化（這是測量的特徵）中，精神起了基本的作用。人們僅用複雜的自動記錄儀、攝影機和其他類似裝置來裝備實驗室是不夠的，除非有人實際看見儀表上指針的位置（或實際看到影像紀錄），否則，量子態仍將處於邊緣狀態。

　　在上一節，我們已經看到薛丁格是怎樣將貓用於他的思想實驗的。貓稱得上是一個宏觀系統，它對於將截然不同，非此即彼的兩個態（活與死）戲劇性地區別開來，可說已足夠複雜。然而，貓是不是複雜到足以被視為一個觀察者，能不可逆地改變量子態（即「縮併波函數」）呢？

　　如果貓能，那麼老鼠呢？或者蟑螂呢？或者阿米巴蟲呢？意識是在什麼地方首先進入地球上的生命系列之中的？

　　上述種種思考都與哲學中叫人困惑的身－心問題緊密相關。許多人曾一度信奉哲學家吉伯特・賴爾（Gilbert Ryle）所謂的有關心靈與肉體（或大腦）的「正統觀點」，這一觀點至少可以追溯至笛卡兒（Rene Descartes）。按照這一觀點，心靈（或靈魂）也是一種物

質，是一種倏忽即逝的、不可觸知的特殊物質，它雖不同於構成我們肉體的可接觸物質，但卻同其耦合在一起。

因此，心靈是一種可以具有不同狀態（心理狀態）的**東西**，由於它同腦耦合，所以它也可通過接受感知訊息而改變。不僅如此，腦與心靈的耦合鏈是雙向的，它能使我們將意志加於腦，進而加於肉體。

然而，今天這種二元論思想已經不合許多科學家的口味了，他們更願意把腦看作是一部異常複雜、但並不神祕的電化學機器。它與其他任何機器一樣，服從相同的物理學定律。因此，腦內部的狀態應該完全由其先前的狀態和任何外來感知訊息的作用所決定。類似地，腦發出的信號（它控制著我們的行為），則對等地完全由當時腦的內部狀態所決定。

腦的這種唯物主義描述的困難，在於它似乎把人降為僅僅是一部自動機，沒有為獨立心靈或自由意志留下餘地。如果每一個神經脈衝都受物理學定律控制，那麼心靈如何介入其運行呢？如果沒有心靈的介入，我們又是如何按照個人意志自由地**控制**我們的身體呢？

隨著量子力學的發現，許多人 —— 最引人矚目的是亞瑟・愛丁頓（Arther Eddington）—— 相信他們已經擺脫了僵局。由於量子系統固有的不確定性，所有物理系統（包括腦在內）的機械論圖像都被認為是虛假的。對任何給定的物理態，海森堡的測不準原理通常都允許有許多可能的結果，由此不難揣測，意識或心靈在選擇何種可能結果會真正實現上具有決定權。

　　進而，想像某個腦細胞中的一個電子已被調至臨界引發狀態，而量子力學允許該電子可在許多路徑上漫遊。或許只需心靈對這個量子骰子施加一點點影響，這個電子就會偏向某一方向，從而激發該腦細胞開始一系列從屬的電活性，比如說最終導致舉起手臂。

　　不管其魅力如何，這種認為借助於量子測不準原理，心靈在這個世界上找到了其表現形式的想法，實際上並沒有被認真地對待，這不僅僅因為腦的電活性看來比上述揣測更有活力，而且從根本上來說，如果腦細胞是在量子層次上運作，那麼，由於大量電子中的任何一個都可引起隨機的量子變化，則整個腦的網絡將變得十分脆弱。

心靈是一種可與物質相互作用的實體的整個概念，已被賴爾嚴厲地批評為範疇錯誤。他把有關心靈的「正統觀點」譏為「機械中的幽靈」。賴爾認為，當我們談論腦時，使用的是與某一特定描述層次相當的一些概念。而另一方面，有關心靈的討論則涉及完全不同的、更抽象的描述層次。這就如同英國政府與英國憲法的差別：前者是個人的具體集合，而後者則是一個抽象的理念集。賴爾爭辯道，談論心靈與腦之間的交流，就像談論政府與憲法之間的交流一樣，毫無意義。

人們可以在電腦的硬體和軟體概念中找到更貼切的類比（也許它適合於現代）。電腦硬體就像腦，而軟體則相當於心靈。我們很容易接受下述概念：電腦的輸出訊息完全由電路定律和輸入訊息所決定。我們很少問：「電腦程式是如何使所有小電路按正常順序激發的？」然而，我們仍然運用像輸入、輸出、計算、數據、答案等概念，用軟體語言給出一個等價的描述。

對電腦運作方式所做的硬體和軟體描述是相互補充而非矛盾的，所以，這種情況與具有玻耳互補原理的量子力

學很相似。當我們考慮波動－粒子二元性時，這種相似確實就更明顯了，正如我們已看到的，量子波實際上是我們對系統**知識**的一種描述（即軟體概念），而粒子則是硬體。

量子力學的詭論在於：硬體描述層次和軟體描述層次已無法解脫地相互纏繞在一起。看來除非我們理解了機械中的幽靈，否則我們就無法理解原子中的幽靈。

## 多宇宙詮釋

只要我們處理的是有限系統，就有可能忽略與量子測量過程相關的概念問題。我們可以寄望於同較大環境的相互作用以縮併波函數。然而，當我們對量子宇宙學進行思考時，這種推理方式就完全失效了。如果我們把量子力學運用於整個宇宙，那麼，外部測量裝置的概念就沒有意義了。除非以某種方式將心靈因素牽扯進去，否則，希望賦予量子宇宙學意義的物理學家，似乎就不得不從量子態本身去尋找測量作用的意義了，因為不可能再有外部測量裝置帶來不可逆的波函數縮併。

一九六〇年代，隨著許多有關時空奇異性定理的發現，人們對量子宇宙學的興趣愈來愈大。

　　這些奇異性很像是時空的盡頭或邊緣，在那兒，所有已知的物理學原理均告失效。奇異性由強引力場形成，據信它存在於黑洞內。人們還相信宇宙始於一個奇異點，因為奇異性意味著物理學完全失效，有些物理學家把它們視為令人厭惡的病態。人們推測，奇異性或許是我們關於引力的知識不完備的產物，此知識目前還不能令人滿意地把量子效應整合起來。有人爭辯道，如果能將量子效應整合進來，奇異性也許就會消失。為了剔除宇宙大爆炸的奇異性，我們必須使量子宇宙學具有意義。

　　一九五七年，休・埃弗雷特（Hugh Everett）提出了一種激進的量子力學詮釋，它移除了量子宇宙學的概念障礙。如前所述，測量問題的本質乃是理解一個處於兩態或多態疊加之中的量子系統，作為一次測量的結果，如何驟然跳躍到一個具有特定觀察量的具體態（見圖十）。前面討論過的薛丁格貓實驗就是一個很好的例子。在那個思想實驗中，量子系統可以演化為兩個截然不同的態：活貓態

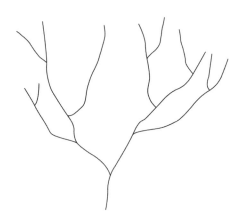

圖十　分岔中的宇宙。據埃弗雷特的觀點，一旦一個量子系統在多個結局中做出一次選擇，宇宙就分裂，使所有可能的選擇都會實現。這意味著，任一給定的宇宙會不斷地分岔成無數相近的拷貝。

與死貓態。而量子力學的概念無法解釋貓的活－死疊加態是如何轉變為非活即死的狀態。

　　按照埃弗雷特的觀點，出現這種轉變，是因為宇宙分裂成了兩個拷貝，其中一個包含了活貓，另一個包含了死貓。兩個宇宙還都包含有實驗者的拷貝，其中每個人都認為他是唯一的。一般說來，如果一個量子系統為 n 個量子態的疊加，則由於測量，該宇宙就會分裂成 n 個拷貝。通

常，n 為無限大。因此，我們必須接受下述觀點：在任何時刻都有無限多個「平行世界」，它們與我們見到的這個世界共存。而且還有無限多個、多少與我們每個人相同的個體，居住在這些「平行世界」中。這真是一種怪異的思想。

這個理論的原始版本假設，每發生一次測量，宇宙就分岔一次。但對於怎樣才算真正構成一次測量，這個理論並未交代清楚。它有時用「似測量相互作用」一詞，似乎甚至在普通未被觀察的原子的躍遷中也會發生分裂。多宇宙詮釋的一位鼓吹者德威特是這樣表述的：

> 在每一顆恆星、每一個星系和宇宙每一個遙遠的角落，每發生一次量子躍遷，都把地球上我們這個定域世界分裂成無數個自身的拷貝……。這是徹底的精神分裂症似的狂想。

近來，大衛‧多奇（David Deutsch）（見第六章）對此理論做了些修改，不僅使宇宙的數目保持不變，也摒棄

了分岔，而代之以大多數宇宙起初都完全相同，僅當實施測量時才發生分化的解釋。據此，在薛丁格貓實驗中，兩個原先相同的宇宙後來分化了，致使一個宇宙中的貓是活的，而另一個宇宙中的貓是死的。這幅新圖像的一個優點是它避免了一種誤解，即如果宇宙真的分裂的話，是由於某種機械（物理）作用的錯誤印象。

多宇宙論一直受到兩種主要的批評。第一，它將荒謬的「形而上學的沉重包袱」引進到我們關於物理世界的描述中來。我們從來都感覺到只有一個宇宙，如僅僅為了解釋一個在我們這個宇宙中微妙的技術特徵（波函數的縮併），就另外引入無限多個其他宇宙的概念，這似乎有悖於奧卡姆剃刀原則（Occam's Razor），即論題簡單化原則。

但多宇宙論的倡導者反駁說，在構築一個理論時，重要的是看該理論需要多少基本的假設，而非假設本身。為了使初看起來沒有意義的理論具有意義，量子力學的其他解釋全都引入了某些知識論的假設。然而，多宇宙論卻不需要做這樣的假設。據稱，這種理論是從量子力學的形式

規則中自動湧現出來的，無需為該理論的意義做出任何假設，也沒有必要引進波函數在測量中縮併這樣分立的假設。因為根據定義，每一個獨立的宇宙各自包含著一個可能的縮併波函數。

對多宇宙論第二個批評是，它無法驗證。如果我們的意識在一定時刻被局限在一個宇宙之中，那我們如何才能證實或否定所有其他宇宙的存在呢？很顯然，我們將會看到，只有在我們準備接受智慧電腦的可能性的前提下，最終才有可能對此理論做實際的檢驗。

支持存在著宇宙系統的最後一個論據是，對於物理學、生物學和宇宙學中眾多的神祕「巧合」和「偶然事件」，它可以給出容易的解釋。例如，已經證明，在大尺度上，宇宙顯然是有序的，物質和能量以令人難以置信的方式分布著。很難解釋這種偶然的分布竟會源於宇宙大爆炸的隨機渾沌狀態。然而，如果多宇宙論正確的話，那麼宇宙這種表面看來似乎不同尋常的組織形式就不神祕了。我們可以放心地假設，物質和能量的**所有**可能的分布形式都會在無限的宇宙系統中的某處得到體現，而在宇宙系統

的很小一部分中，事物安排得如此精密，以致出現了生物，進而有了觀察者。因此，我們歷來觀察的僅是宇宙系統中極特殊的一部分。簡而言之，我們的宇宙是不同尋常的，因為我們靠自身的存在選擇了它。

## 統計詮釋

在這種觀察事物的方式中，物理學家放棄了一切試圖窺視在單一量子測量事件中實際變化情形的努力，而代之以返回到對整個測量集合的描述上，因為量子力學正確地預見了各種測量結果出現的機率。如果人們只將注意力集中於整體統計，人們被迫面對測量難題的情況就不會出現。

有人可能會批評說，統計詮釋並沒有解決測量問題，而只是迴避了這一問題。為這一解釋付出的代價是，人們不再能討論下述問題：一次特定的測量實施時，究竟發生了什麼。

## 量子勢

在試圖建構量子力學隱變數理論的努力中,人們又提出了另一種全新的概念。如同前面所討論的,量子力學預言貝爾不等式不成立。如果這種預言正確,則兩個物理假設中的一個必須拋棄。這兩個曾被用來證明貝爾不等式的假設,一個稱為「實在性(reality)」,另一個稱為「定域性(locality,局域性)」。前者如我們所知,玻耳在其哥本哈根詮釋中已將其放棄;而後者,粗略地說,它是指不存在超光速傳訊的物理效應。

如果摒棄定域性,那我們就可為微觀世界再另創一種描述,這種描述與對日常世界的描述極其相似,即物體以確定的狀態,帶有全部的物理屬性,具體而獨立地存在著。這樣,我們也無需引入模糊性概念。

當然,所要付出的代價是非定域性效應會給自己帶來一大堆難題,特別是信號有能力返回到過去。這會給各式各樣的因果詭論開闢道路。

雖然存在這些困難,有些研究者 —— 特別是大衛·玻姆(David Bohm)和巴席爾·海利(Basil Hiley)(見第

八章和第九章）── 一直致力於非定域隱變數理論的研究，提出了他們稱為「量子勢」（quantum potential）的東西。量子勢類似於人們熟悉的與力場（如重力場、電磁場）相關的勢。其差別在於，量子勢的活性依賴系統的整體結構，即它解析測量裝置、遠處觀察者等的訊息。因此，廣闊空間（原則上整個宇宙）的全部物理狀況都包含在這個量子勢中。

　　儘管物理學家已為詮釋量子物理學付出了巨大努力，但至今他們仍未對所採的途徑取得一致意見。實際上，以上的概述根本就未能全部羅列近年討論過的不同詮釋。毫無疑問，一個在半個世紀前其基本細節就已大致完備，而且在實際應用中已被證明成就斐然的理論，至今卻仍顯得不完善，這是非常不尋常的。這種狀況的出現，主要歸因於這樣的事實，即有關量子論基礎的討論多數是理論性的，至多也只涉及「思想實驗」。量子論所關注的領域極難探索，致使人們很難以實際的實驗來檢驗這個理論的基礎。也正由於這個原因，人們以極大的科學興趣，接受了阿斯佩克特對貝爾不等式的實驗檢驗。

# 第二章

# 阿蘭·阿斯佩克特

阿蘭·阿斯佩克特，法國奧賽（Orsay）理論與應用光學研究所的實驗物理學家。幾年來，他與同事們改進了對貝爾不等式直接進行實驗檢驗的技術。一九八二年發表於《物理評論快報》（第四十九卷，九一和一八〇四頁）上的實驗，被認為是迄今對量子力學基礎做出的最有決定性意義的實驗檢驗之一，在理論界激起極大的興趣。

訪：你能簡要地說明一下你是如何進行實驗的嗎？

答：要說明這個實驗相當難。不過，我可以大致上說一說。首先，我們有一個發射相關光子對的源，然後我

們必須對這些光子中的每一個進行難度很大的測量。我們這個實驗的主要特點之一就是改進了這個源的效能。以往研究 EPR 關聯的各種實驗之所以導致相當不確定的結果，主要是因為所採用的源僅能產生很弱的信號。

訪：那你用的是什麼源？

答：理想的源應該是鈣原子；我們以一種特定的方式激發這個鈣原子，然後觀察該原子釋出能量後回到正常未激發態時所發出的光（一對光子）。事實上，事情並非那麼簡單，因為我們不可能如此精確地捕獲和控制單個的鈣原子。我們實際使用的是原子束 —— 在真空室中運行的一串原子。然後，我們將兩束雷射光聚焦在原子束上，以非常精確的方式促使原子激發。

訪：這種技術在以往的實驗中從未用過嗎？

答：除了一九七六年，弗賴（Fry）和湯普森（Thompson）在美國德州用過外，其他人從未用過。不過，他們的實驗存在一些別的問題，而且他們的信號並不太強。

訪：不過，這只是新特色之一。你還引入了其他改進以往

實驗上的特色嗎？

答：在我看來，那才是主要的改進，因為一旦使信號變強了，我們的測量就能更精確，對實驗結果也更自信。我們做過許多補充檢驗，以驗證一切都符合量子力學的預測，此後才轉而著手做新的實驗。我們所做的第二種實驗比較接近最初的 EPR 思想實驗——我們進行了許多次精確的偏振測量。在這些實驗中，你必須測量光子的偏振態，其結果可以是「是」或「否」，正一或負一。在以往的實驗和我們的第一種實驗中，人們僅能直接獲得正一的實驗結果，而負一的實驗結果被丟失了。因此，為了推斷出可能的負結果，必須使用某種相當間接的推理。

訪：所以，這兒有兩個改進：能較好控制的較好的源和能夠測量更多東西的能力，對嗎？

答：是的。

訪：這樣，你也就能以極快的方式對光子對進行實驗，使光子之間難以以光速或略低於光速的速度聯絡。你是怎樣做到這一點的？

答：你這是指第三種實驗。在那個實驗中，我們力圖確保系統的兩個不同部分是真正彼此獨立的。其理由是：量子力學預言，即使兩組測量裝置相距甚遠（在我們的實驗中為十五公尺），光子對的測量結果之間也有很強的關聯。在樸素的實在論圖像中，理解這種關聯的一種可能方法是，承認兩組測量裝置之間有某種神祕的相互作用。為排除這種理解，有人認為，如果我們快速地改變某種條件（如一個測量裝置的取向），那麼，由於信號不可能超光速傳播，另一個裝置就無法對這種變化做出反應，基於此，我們做了這個實驗。

訪：這種將實驗的兩部分分隔成沒有因果關係的兩個區域就是所謂的「愛因斯坦可分離性」（Einstein separability）嗎？

答：是的，有的人將其稱為愛因斯坦可分離性。

訪：那麼，做完這個實驗後，你從實驗結果得出什麼結論呢？

答：首先，我必須說，從技術上來說，這第三個實驗比前

一個更困難，所以，第三個實驗的結果並不十分精確。但如果它們是確實的，那我們可以說，實驗結果違反貝爾不等式。這意味，我們不能保留愛因斯坦的可分離性概念，不能抱住世界的簡單圖像不放。這是實驗結果的第一個特徵。

訪：那你相信在分離區域之間可能有某種超光速傳訊發生嗎？

答：不。如果你的「信號傳遞」是指某種真實的訊息傳遞，那我不認為存在這樣的信號傳遞。這些實驗表明，首先，它們違背貝爾不等式；其次，它們與量子力學的預言十分吻合。所以我們仍然認為量子力學是一個很好的理論。即使在這類實驗裡，不可能超光速地發送任何消息或有用的資訊，所以我肯定不會得出存在超光速傳訊的結論。不過，如果你的意思是，在某種你想建立的世界圖像中，你可以引入某種超光速的數學實體，那或許是可能的。但你不能將這種數學構造用於實際的超光速傳訊。

訪：這麼說，你認為我們必須徹底改變大多數人所秉持的

樸素的實在論觀點，以說明這種不可分離性？

答：也許是吧。因為我們已經知道，量子力學看來是一個
　　不錯的理論，而它與樸素的實在論圖像不一致。在上
　　面，我們業已證明，在那種極不尋常的情況裡，量子
　　力學工作得很好，這必然使我們確信，我們必須改變
　　我們陳舊的世界圖像了。

訪：但是，有些人很不喜歡這種思想。例如，所謂隱變數
　　理論的整個傳統就試圖抱住樸素實在論不放。你認為
　　你的實驗徹底推翻了那些隱變數理論嗎？

答：是的，雖然不只是這些實驗（其他還有幾個實驗得出
　　了類似的結果）。但是，它們所推翻的只是以愛因斯
　　坦的可分離性之類的想法為基礎的隱變數理論，其他
　　有些隱變數理論仍保持其可能性，如玻姆的隱變數理
　　論。但要注意，這些理論不具有可分離性，它們是非
　　定域性的。我的意思是說，在這些理論（如玻姆的理
　　論）中，存在著某種超光速相互作用，所以，它們不
　　可能被我們的實驗結果排除在外，這是不足為奇的。

訪：那你的實驗肯定排除了定域性隱變數理論嗎？

答：是的，肯定如此。當然，這要將來更精密的實驗的結果也保持不變。

訪：確實如此。你正計畫或你知道其他小組正計畫進一步改進你的實驗嗎？

答：不，我沒有這種計畫，因為目前僅有可能做些小的技術改進。事實上，我們需要全新的想法，以對實驗真正做些重要改進。但我認為，那個實驗現在對我已足夠了。

訪：要是愛因斯坦還在世的話，你認為他會對你的實驗做何評價？

答：啊，當然，我無法回答這個問題。但我相信，愛因斯坦一定會說些十分高明的話的。

訪：確實，他通常如此。

# 第三章

# 約翰・貝爾

約翰・貝爾，日內瓦歐洲核子研究中心
（CERN）的理論物理學家。他於一九六四
年證明的關鍵性的定理，構成了阿斯佩克特
和其他人近來對量子力學概念基礎所做的實
驗檢驗的基礎。伯克萊加州大學粒子物理學
家亨利・斯塔普（Henry Stapp）曾將貝爾定
理譽為「科學上意義最深遠的發現」。

訪：你的著名結論，即我們都知道的「貝爾不等式」，顯
　　然只能用數學做恰當的討論。不過，你能以通俗的語
　　言，簡要地介紹一下嗎？

答：它來自於對一種想法的分析，即：在愛因斯坦、波多

爾斯基和羅森於一九三五年所關注的那些條件下，不
應存在超距作用 —— 這些條件導致了如量子力學所預
言的某些非常奇異的關聯。

訪：你所說的無超距作用，是指沒有超光速傳訊嗎？

答：是的。嚴格地說，是指沒有超光速傳訊。不太嚴格地
　　說，無超距作用只是意味著事物之間不存在隱聯繫
　　（hidden connection）。

訪：諾貝爾獎得主、物理學家布萊恩·約瑟夫森（Brian
　　Josephson）曾把貝爾不等式說成是物理學最重要的新
　　進展，你對此有何看法？

答：這個嘛，我認為也許有點言過其實了。但如果你主要
　　關心的是物理學中的哲學，那我就可以了解他的看
　　法。

訪：近來，實際上已有可能很好地檢驗這個不等式了。其
　　中最好的一個實驗是由巴黎的阿斯佩克特所做的。你
　　對這個實驗有何看法？對這些實驗結果顯示的物理世
　　界的本質，你怎樣看？

答：首先，我們必須說，這些結果是意料之中的，因為它

們與量子力學的預言相吻合。總之，量子力學是科學中極其成功的一個分支，很難相信它可能是錯的。儘管如此，人們還是認為（我也認為）值得做這個非常特殊的實驗，因為它把量子力學最奇特的一個特徵分離出來了。過去，我們只能依賴旁證，但量子力學也從未錯過。現在我們知道了，即使在這些極端嚴格的條件下，量子力學也沒有錯。

訪：當然，愛因斯坦對此是不太相信的。他說過一句名言：「上帝不跟宇宙玩骰子。」在這個實驗和你的工作之後，你會說你確信上帝確實跟宇宙玩骰子嗎？

答：不，不，絕對不會。但我倒願意對「上帝不玩骰子」這個問題做一番考證。人們經常引用的這句話，是愛因斯坦在其生涯的早期說的，但後來，實際上愛因斯坦對量子力學其他問題的關心遠超過非決定論（indeterminism）。事實上，阿斯佩克特的特定實驗，檢驗的正是這些其他方面，尤其是關於無超距作用的問題。

訪：你認為這個實驗沒有告訴我們任何有關決定論或非決

定論或物理世界的事情嗎？

答：如果說它沒有告訴你任何東西，那就扯得太遠了。我認為，很難說哪一個實驗能告訴你任何一個孤立的概念。一個實驗檢驗的是一個完整的世界觀，如果該實驗不能證明該世界觀，而是要明確指出世界觀的哪一部分存有疑問並應加以修正，那並非易事。肯定地說，這個實驗表明愛因斯坦的世界觀是站不住腳的。

訪：是的。我想問，從實驗的觀點來看，決定論宇宙觀是否仍可能維持下去？

答：你知道，理解這個問題的方法之一是說世界是超決定論的（super-determinism）。這不僅指無生命自然界是決定論的，而且我們這些決定做什麼實驗的實驗者也是被決定的。如果這樣，由這個實驗結果產生的困難就消失了。

訪：自由意志其實只是一種幻覺，這一認識幫助我們擺脫了危機，是嗎？

答：完全正確。在分析中，自由意志被假定是真實的，而且作為其結果，人們發現實驗者在某處的干預，必然

會對遙遠的某處產生影響，這種影響不受有限的光速的限制。如果實驗者不能自由地做這種干預，如果這種干預也是事先決定了的，那麼困難就消失了。

訪：讓我們回到實驗者這個問題上來，它不可避免地會產生關於心靈、選擇與自由意志等問題。你真的相信心靈在物理學中起著基本的作用嗎？

答：我既非相信，也非不信。我認為心靈在宇宙中是一種非常重要的現象，對我們更是如此。但現在是否絕對必要把它引入物理學中來，我沒有把握。我想，人們經常提到的表明應把觀察者帶進量子論中去的實驗事實，並未迫使我們非接受那種結論不可。阿斯佩克特的實驗比其他實驗更微妙。有人認為它朝著證明心靈是基本的這一方向又前進了一步，我可以理解這些人的邏輯。這肯定是我們可以探討的一種假設，但卻未必是唯一的。

訪：在測量與觀察者作用這個問題上，你認為依然存在著一些詭論嗎？

答：是的，我相信肯定存在一些詭論。測量與觀察者的問

題，是測量始於何處與終於何方，以及觀察者始於何處終於何方的問題。以我的眼鏡為例：如果我現在把它取下來，必須放在多遠，它才會是物體的一部分，而不是觀察者的一部分？在訊息從視網膜經過視神經傳至腦的整個傳遞過程中，存在許多類似的問題。我認為，當你分析物理學家陷入其中的語言（在此語言中，物理學談的就是觀察的結果），你就會發現，它消散掉了，變得什麼也說不清楚。

訪：因此，這些問題並沒有完全解決，至少你還不滿意，是嗎？

答：絕對沒有完全解決。阿斯佩克特的實驗和愛因斯坦－波多爾斯基－羅森實驗的相關性不僅無助於解決這個問題，而且使它更為困難，因為愛因斯坦認為在量子世界的後面存在著一個人們熟悉的古典世界的觀點（現在人們已不再相信），曾經是可能的解決測量問題的方法──一種把觀察者降為物理世界中次要角色的方法。

訪：按照我的理解，貝爾不等式以兩個假設為基礎：第一

個我們可稱為客觀實在性，即外部世界具有實在性，它不以我們的觀察為轉移；第二個是定域性，或不可分離性，或不存在超光速傳訊。現在，阿斯佩克特實驗似乎表明，必須摒棄兩個假設中的一個。你想保留哪一個呢？

答：這個嘛，你看，我實在不知道。對我來說，那不是我有什麼妙計可奉獻的問題，而是一個進退兩難的困境。我覺得這實在是一個叫人窘迫的困境，對它的解答不可能是無關緊要的。它要求我們徹底改變審視事物的方式。不過，我想說，最廉價的解決方法也許是返回到愛因斯坦之前的相對論中去。那時，勞倫茲（Lorentz）和龐加萊（Poincaré）等人認為存在著乙太（aether）（一種被認為更好的參照系），但由於我們的測量儀器因運動而失真，致使檢測不出相對於乙太的運動。現在，按同樣方式，你可以設想存在一個更好的參照系，在這個參照系中，事物確比光速快。但這樣一來，在別的參照系裡，事物不僅可以比光速快，而且可以逆時運行，這就成了一種光學幻

覺。

訪：哇，那看起來是一種非常革命性的方案！

答：革命性的還是反動的，你自己去判斷。但那肯定是
最廉價的解決方法。在表象上表觀的勞倫茲不變性
（Lorentz invariance）背後，存在更深的一個層次，
它並不是勞倫茲不變的。

訪：當然，相對論有大量的實驗支持。很難想像我們能返
回到愛因斯坦之前的立場，而不與這些實驗中的某些
結果相衝突。你認為那樣的事情可能嗎？

答：這個，依我看，教科書中強調得不夠的是：在愛因斯
坦之前，勞倫茲與龐加萊，拉莫爾（Larmor）與菲次
吉拉（Fitzgerald）等人的立場是完全一致的，而且與
相對論並不衝突。認為存在乙太，並發生菲次吉拉長
度收縮與拉莫爾時間延遲以及作為其結果，儀器檢測
不出相對乙太的運動，彼此是完全一致的。

訪：那麼它的被拋棄，只是由於不夠優雅？

答：不，是由於哲學的原因，即認為不可觀察的東西是不
存在的。還有簡潔性的原因，因為愛因斯坦發現，如

果去掉乙太的概念，理論變得既更優雅又更簡潔。我認為應該把乙太的概念作為一種教學手段教給學生，因為我發現有許多問題，通過假設乙太存在，可以更容易地得到解答。不過，那是另一回事。這裡，我想回到乙太概念，是因為在 EPR 實驗中啟示了：在表象後面，有某種東西行進得比光還快。現在，如果所有的勞倫茲參照系都是等價的，那麼，這也意味著事物可以逆時運行。

訪：是的，而且這是一個大問題。

答：它帶來了許多問題，如因果性詭論等。正是為了避免這些問題，我才假設在乙太範疇中存在一個實際的因果關係。但正如勞倫茲和龐加萊所遇到的那樣，這個問題的神祕性在於，這種乙太在觀察的層次上並不顯示出來。彷彿存在某種密謀：在幕後發生的事，不允許在前台顯現。我承認那是一種叫人很不舒服的情形。

訪：我敢肯定，愛因斯坦在九泉之下也會不安的。

答：絕對如此！而且那是非常具有諷刺意味的，因為給量

子論的這種解釋（它符合愛因斯坦的非常規量子力學觀）造成困難的，正是他自己的相對論。

訪：這麼說來，你寧願保留客觀實在性的觀點，而拋棄相對論中的一條原則，即信號傳遞速度不可能超過光速？

答：是的，人們希望能夠採用世界的實在論觀點，以把世界當作真實存在（即使沒有被觀察也確實存在）來談論它。我確信，在我之前，世界就存在；在我身後，它仍將存在。而且我確信你也是它的一部分！我相信，在多數物理學家在被哲學家逼得無路可走時，都會持這一觀點。

訪：但是，我一直覺得，物理學的實踐只是創造出各種模型，用來描述我們對世界所做的觀察，並把這些觀察彼此聯繫起來，而模型的優劣取決於其成功的程度。我覺得，認為世界「真實存在」的觀念，或認為我們的理論對實在世界是「對的」或「錯的」或接近於實在世界的觀念，並不是非常有益的。你對此有何看法？

答：噢，我倒覺得這些觀念，如認為世界是實實在在存在的；相信我們的工作就是努力去發現它；承認發現世界的技術就是創造模型並檢視運用這些模型能解釋這個實在世界至何種程度等，是十分有益的。

訪：關於宇宙，你相信存在一個終極理論，它是關於宇宙的「正確理論」，且可以準確地描述每一件事物嗎？

答：我不知道，但我相信將來有些理論會比我們現在所擁有的好。那樣的理論能描述宇宙更多的方面，並能把它們更加聯繫起來。

訪：所以，你認為量子論的現有形式，雖然在過去五十年裡取得了巨大成功，但仍是暫時的，在將來某一階段終將被更好的理論所取代，對嗎？

答：對此我非常相信：量子論只是作為一種權宜的理論而存在。

訪：有什麼證據顯示，量子論在說明我們必須說明的任一事物上是不成功的？

答：量子論並沒有真正說明事物；事實上，量子力學的奠基人很為他們放棄說明事物而感到驕傲。他們以僅處

理現象而深感自豪。他們拒絕考察現象的背後，把這看作是人們為與自然達成協議而不得不付出的代價。歷史事實表明，在微觀物理學的水平上，曾對實在世界持不可知觀點的人是非常成功的。在當時，這樣做是正確的，但我不認為將來一定還會如此。當然，我提不出定理來證明這一點。如果你追溯到大衛‧休謨（David Hume）那裡（他對人們相信事物的理由做過仔細的研究），你就會發現，根本沒有很好的理由使你相信明天太陽會照樣升起，或相信這個電台的節目會一直播下去。我們都有一種習慣，即相信事物會恰如其過去那樣不斷重演。然而，事實是這不過是一個不錯的習慣。我不能把它變成一條定理，因為我相信休謨的分析是有道理的，但不管怎麼說，我認為尋找說明才是真正的好習慣。

訪：所以，如果預想一下五十年以後的情況，那時或許我們會有一個取代量子力學的理論。鑑於我們對所談論的量子力學的詮釋始終抱有憂慮，你能預見上述情況的出現嗎？或者，你認為會出現某種探索唯一微觀世

界的實驗（如在歐洲核子研究中心能夠做的諸如極高能粒子碰撞實驗），從中揭示出一個量子力學不適用的領域嗎？

答：啊，你在逼我做猜測。我個人覺得，對量子力學意義的持續憂慮，有可能導致愈來愈微妙的實驗。這些實驗最終將發現某些薄弱之處，在那兒，量子力學實際上是錯的。

訪：所以，阿斯佩克特實驗並不是檢驗這些想法所做的最終實驗。

答：我想不是的。它是一個非常重要的實驗，也許它標誌著人們應停下來做一番思考的階段，但我很希望它不是終點。我認為對量子力學意義的探索必須繼續下去，事實上，不管我們是否認為值得，這種探索都將繼續下去，因為許多人已被它深深地迷住，不得安寧了。

訪：我們能夠想出什麼樣的實驗來做進一步的檢驗呢？

答：人們能夠指出現有實驗（包括阿斯佩克特實驗）的各種缺點。嚴格說來，這些實驗並沒有展現出那種叫人

尷尬的相關性。你能夠發現，實驗所用的計數器效率太低，實驗結構未臻完善，理想的裝置尚未設計出來，而且在實際能做的實驗中，推斷過多。

訪：因此，你能設想出對現有的基本裝置做更精細的改進，使它們更具說服力，是嗎？

答：你可以這麼想。但我不想說我鼓勵實驗人員一味地蠻幹，以使計數器更有效或怎麼樣，因為我自己趨向於認為計數器的效率並不十分重要。

訪：你對試圖用超導和低溫物理學去揭示宏觀尺度上的某些怪異量子效應持何態度？

答：我認為那未必有前途。我認為勒吉特（A. Leggett）有一個分析很有趣，其結果是，在超導中所見的宏觀事物，與讓世界的實在論觀點感到窘迫的那一類宏觀事物無甚關連──實際上，它們根本就不相關。人們傾向於說：「瞧，超導顯示了宏觀量子力學。」但這和我們關心的愛因斯坦－波多爾斯基－羅森關聯的意義並不是一回事。

訪：你想不出一種更複雜的能夠暴露量子力學中這些缺陷

的實驗嗎？

答：我想不出。不過我希望這只是由於我的局限性。我覺得，對於我們的問題的解答很可能來自後門。某個並不熱衷於我們關心的這些困難的人，也許會看見解決困難的曙光。我對此好有一比，就像門明明開著，可蒼蠅卻在窗玻璃上嗡嗡直飛。從現在的問題後退一步，做一番思量，那是非常有益的。我們這些拘泥於這些問題的人，最終很可能並不是看透這些問題的人。

訪：這是科學發現中司空見慣的方法，對吧？

答：絕對是的。當然，這只是對純科學研究而言，而這種研究常常並無明顯目標。

訪：我希望政治家們正洗耳恭聽！你把量子力學的困難看作是純哲學上的，還是詮釋上的？或者你認為存在某些實際的實驗問題嗎？

答：我認為存在有**專業上**的問題，那就是說，我是一個職業理論物理學家，我很想提出一個乾淨的理論。當我審視量子力學時，我發現它是一個髒的理論。你在書

本上看到的量子力學的表述形式涉及到把世界分成觀察者和被觀察者，但卻沒有告訴你這兩者的分界在哪裡——例如，這個界線在我的眼鏡的前面還是後面。或者，在我的視神經的哪一端。書中也沒有告訴你這個分界本身的情況。在課程中你學到的是：為了實用的目的，在哪裡分界無關緊要；並讓你明白，這種曖昧性位於人類檢驗能力遠不及的精密層次上。所以，你有一個基本意義並不明確的理論，但這種曖昧性所涉及的小數點的位置，遠超出人類的檢測能力之外。

訪：當然，魏格納已經表示，他能在觀察者和被觀察者之間插入非常明確的分界，因為他求助於把心靈看作是雖然多少與世界相耦合，但卻是完全獨立的實體。他認為，正是因為引入觀察者的心靈可解決我們所討論的種種詭論。這樣，他就引入了非物質性的心靈概念，並讓它在物理世界發揮極大的作用。你同意這種觀點嗎？

答：嗯，這是一種值得探究的想法。但在我看來，人們低估了它所具有的困難，因為誰也沒有發展出一套超出

言談水平的理論來。一旦你試圖將這種理論放入數學方程式中，一旦你試圖使這種理論成為勞倫茲不變性，你就會遇到極大的困難。例如，心靈與世界其餘部分之間怎樣進行相互作用？這種作用是在某一時刻出現在有限的空間範圍嗎？顯然不是的，因為那並不是滿足勞倫茲不變性的概念。

訪：你所謂的勞倫茲不變性，你是說對所有依賴其運動狀況的觀察者，這一理論不會有一個一致的描述，是嗎？

答：對。如果你假設心靈在時間上接近於單個點，那麼，得到這種一致的描述的唯一方法，就是進一步假設它在空間上也接近唯一的點。

訪：這是一個始終與心靈相聯繫的大難題，因為心靈不可能定域在空間任何點，而人們仍推測它在時間上是定域的。

答：正是如此。但魏格納仍希望以某種方式將心靈耦合進物理方程。這一點迄今毫無進展，只是談談而已。

訪：當然，對量子表述形式有多種多樣的其他詮釋，對這

些詮釋也是眾說紛紜。其中之一是多宇宙詮釋。你對它是全力支持，還是強烈反對。

答：是的，我強烈地反對它。不過，我也必須修正一下，因為對愛因斯坦－波多爾斯基－羅森這一特定情形，多宇宙詮釋還是有其優越性的，因它不必借助超光速傳訊，就能解釋遙遠的事件何以能較它該有的步調更早發生。從某種意義上說，如果每一件事都發生，一切選擇（在所有平行宇宙的某處）均實現，而且直到最後並未在實驗可能的結果之間做出選擇（這是一種多宇宙假說方案所暗示的），那麼，我們就繞過了難題。

訪：不過，這確實是一種非常奇特的繞過難題的方法。

答：它奇特至極。對我來說，這已經足以使我不喜歡它了。那種假設存在其他我們無法看見的宇宙的想法，令人難以接受。而且，它還有一些相關的技術問題。人們在研究多宇宙詮釋時，常常掩蓋或根本沒有意識到這些問題。多宇宙詮釋中，分岔出現這一點，實際上就是做出測量的這一點。但後者是完全模糊的。在

歐洲核子研究中心，實驗常常費時數月，在哪一天的哪一秒做出測量並出現分岔是完全模糊的。所以，我認為，多宇宙詮釋是一種啟發式的簡化理論，人們對它已做的只是隨手算算而已，並沒有好好去想它。當你真的嘗試去想它時，它就變得不協調了。

訪：哈，這正是非常有趣和坦率的看法。我們這會兒一直在談論物理學中一些十分奇特的領域。你最初是怎麼會對量子論的基礎產生興趣的？特別是你是怎樣發現你著名的不等式的？

答：當我還是個學生的時候，就對下述問題十分關心：量子力學明顯的主觀性，以及它看似迫使你引入一個觀察者，而實際上卻並非如此的講法。我很早就相信，一定可以以更專業和不帶有模糊性的方式表述物理學。由於我看到比我精明得多的人在這個問題上進展甚微，以及我當時正埋首於其他事情，所以若干年來我實際上都在迴避這些問題。但是到了一九六三年，當我在日內瓦忙於其他事物時，我在大學裡遇見了若什（Jauch）教授。當時他正關注著這些問題。同

他交談之後，我決心為此做些事情。我最想做的事情之一是，驗證一下對很久以前德布羅意和玻姆提出的「對任何量子現象，你都可以給出徹底的實在論解釋」的觀點是否存在任何真正的反駁。德布羅意在一九二七年提出了他的理論，但卻被物理學界以一種我現在看來是十分丟臉的方式一笑置之，因為他的觀點並沒有被駁倒，只是簡單地被踐踏了。一九五二年，玻姆復甦了那個理論，但也未受重視。我認為就實驗的目的來說，玻姆和德布羅意的理論在一切方面都與量子力學等價，但它卻是實在論的和非模稜兩可的。但它確實具有超距作用的明顯特徵。在這個理論的方程式中，你可以發現，一旦某事物在某一點發生，它立即會不受光速限制地跨越整個空間，產生其後果。

訪：在那樣早的時候，你就為不可避免地將導致的種種詭論而感到煩惱嗎？

答：德布羅意 —— 玻姆理論只是為非相對論量子力學提出的，但效應的即時傳播，使得你試圖將其擴展到相對論情形中去時會遇到的困難昭然若揭。

訪：你很快就做出了你的結果嗎？那是一個很有說服力的
　　適用面很廣的結果，證明的方式也很優雅。或者你的
　　結果是這樣得到的，先試探性地朝前邁幾步，看一看
　　通向答案的道路之後，再反過來做進一步的修飾。是
　　這樣嗎？

答：這有點像問做一次測量需要多長時間的問題！完成一
　　次發現需要多長時間？我的腦海中浮現那個方程並把
　　它寫在紙上，大概只用了一個周末，但在之前的幾周
　　裡，我一直在冥思苦想這些問題。而且，在早幾年，
　　它始終縈繞在我的腦際。所以，很難確切地說花了多
　　少時間才得到這個結果。

# 第四章

# 約翰・惠勒

約翰・惠勒，曾任普林斯頓大學約瑟夫・亨利講座教授，現為德州大學奧斯汀分校理論物理中心主任。他的研究涉及核子物理（曾與玻耳一起工作）、重力、天體物理、宇宙學和量子物理學等領域。近年，對觀察者在量子力學中的核心作用，他提出了一系列深刻而富有挑戰性的論點。

訪：對玻耳在把量子論同我們關於世界的普通觀念協調起來的工作中，你如何評價他的貢獻？

答：玻耳是力圖了解量子論含意的導師。正是由於他的幫助，海森堡才發現了測不準原理。也是他，在一九二

七年秋提出了互補性概念，即對實驗情況一個方面（如電子的位置）的探究，自動排除了考查另一方面（如電子的動量或速率）的可能性。

雖然玻耳的互補性思想澄清了許多對量子論概念基礎的爭論，但許多人仍無法把握其全部含意。確實，在玻耳突然逝世前幾小時，在他最後與人交談的錄音帶上，他還特別批評了幾位哲學家。他說：「他們不具備那種對學習至關重要的直覺，以及為了學習有重大意義的事物所必須具備的本領。……他們想不通那（指量子論的互補性原理）是一種客觀的描述，而且是唯一可能的客觀描述。」這段話表述了玻耳對量子論思考的核心。

訪：但是，愛因斯坦肯定也想要有一個客觀的量子論觀點，不是嗎？

答：我認為玻耳所謂的「客觀」一詞是指與你正面對的東西打交道的想法：你所經驗的知覺和所做的測量，而非愛因斯坦所謂的獨立於觀察者而「外在」存在的宇宙觀。

訪：我明白了。玻耳或許用「客觀的」這個詞代表合理的意思。在他看來，量子論的互補性描述就是唯一合理的選擇。是這樣嗎？

答：是的，我認為如此。

訪：那你對玻耳的觀點怎麼看？

答：我想說，他的觀點稱得上是經過論戰考驗的。玻耳與每個有見解的人都爭論和討論過，因此，我願意總結說「對量子論本身及其意義，沒有任何人比玻耳有更好的圖像。」

訪：但是，埃弗雷特提出量子論的多宇宙詮釋後，有段時間你改變了想法，那是為什麼？

答：是的。埃弗雷特量子論詮釋的想法，把原先一般用於電子、原子或晶體的所謂機率幅波函數，轉而用於整個宇宙，因為這種波函數包含了觀察者本身，這就有了一個有趣的結果，即沒有給改變波函數的所謂測量作用留有餘地。例如，埃弗雷特的詮釋意味著，如果一個電子有均等的機會向左或向右運動，波函數就分裂成宇宙的兩個分支，其中一支表明電子向左運

動，觀察者也觀察到它向左去；另一支則表明電子向右運動，觀察者也觀察到它向右去。

訪：是什麼將你吸引到這個引人矚目的想法上去的？

答：我一開始很支持這種想法，因為它們似乎代表了量子論表述形式的邏輯發展。但今天我已改變了對它的看法，因為它帶有太多的形而上學的包袱。這一點反映在每當你看到某一事物發生時，你不得不設想在其他許許多多的宇宙裡，其他的事物也在發生。這使科學陷入了某種神祕主義之中。而且，我還有更深一步的反駁理由，即埃弗雷特詮釋將現有形式的量子論當作**唯一**「通貨」看待，任何事物都必須用它來說明或理解，而將觀察的作用僅當作一種次級現象。我認為，我們需要找出一種不同的觀點，其中最主要概念的意義來自於觀察，然後再從它**導出**量子論的表述形式。

訪：這麼說，你認為多宇宙取向仍是有用的？

答：是的。我認為我們應該從兩頭來看問題。

訪：但同時，你也站在玻耳這一邊。

答：對。就知識的真正根本基礎而言，我不相信大自然

就像是一群瑞士鐘錶匠，已經將所有把在時間上分離的物理事件聯繫起來的機制、方程式或數學表達式都「裝配好了」。我寧願相信這些事件以雜亂無章的方式交織在一起，而那些似乎很精確的方程式，全都來自對大量物理數據的研究，並以統計的方式表現出來。量子論看上去更像是這樣。

訪：那麼，你認為量子論可能只是一種近似理論，可能會有更好的理論嗎？

答：首先，我要說，在日常經驗範圍內，量子論是不可動搖，禁得起挑戰和難以擊敗的——它經受了論戰的考驗。在這個意義上，它就像告訴我們熱量從熱的地方流向冷的地方的熱力學第二定律一樣，後者也經受了論戰的考驗，也是不可動搖，禁得起挑戰和不可戰勝的。而且我們知道，熱力學第二定律並不涉及在時間肇始之日就已確定的任何方程式，它與任何「裝配好了」的機制無關——也不與任何瑞士鐘錶匠發生關係，它只歸結為極大量事物的組合。

　　正是在這個意義上，我覺得終有一天，量子論也

會顯示出依賴於對極大量數據的數學演算。甚至在許多方面都反對量子論的愛因斯坦也表示過這樣的觀點，即量子論最終將會變得像熱力學。

訪：你和玻耳都把量子測量看成是經由某種不可逆的放大過程，而成為一種從原子活動向知識或意義的躍遷。我們有可能為這種躍遷找到一種確切的描述嗎？

答：依我之見，要找到從測量到建構知識的確切描述，那是一種很困難的工作，但卻非常重要。我認為這個過程可分為兩個階段。

　　第一是玻耳竭力強調的基本量子現象。我嘗試將他的觀點表述如下：「任何一種基本量子現象，只有在它被檢測器不可逆的放大作用（如蓋格計數器的滴答一響，或照相底片的顆粒變黑）終止之後，才成為一種現象。」如玻耳所言，這就是一個人能夠對另一個人清楚表述的基礎。它把我們帶到了問題的第二階段，即把對量子現象的觀察**付諸使用**。粒子撞擊硫化鋅屏，會產生人眼可見的閃光。但是，如果這種閃光發生在月球表面，周圍沒有人利用它，則它對建構知

識體系就沒有意義。這是整個問題最神祕的部分，即我們在使用某些東西時究竟發生了什麼？

　　儘管哲學或許太重要了，以致我們不能將哲學全交給哲學家們，但我估計，到頭來，我們仍然不得不依靠哲學界朋友們的工作！在過去幾十年裡，意義的建構（即什麼是意義）一直是哲學家研究的核心課題。在這些研究中，沒有哪一個比戴維森（Donald Davison）教授以前的學生，現在史丹福大學工作的挪威哲學家弗勒斯達爾（D. Follesdal）的說法更能概括我的核心觀。他說，意義「是溝通者可得到的所有證據的聯合產物」。

　　**溝通**是至關重要的概念。如果我看見某東西，但無法確定它是夢幻還是真實，那最好的檢驗方法一定是，核實其他人是否看見它，並由此證實我的觀察。這是溝通在區分真實與夢幻上的重要性。但我們如何把它變成經驗性的東西則完全是另一個問題。在這個問題上，我認為我們可以仰仗偉大的遺傳學家和統計學家費歇爾（R. A. Fisher）的工作和發現。這要追溯

到一九二二年，即測不準原理和量子論的現代觀問世前五年，當時的知識背景與量子論完全相左。費歇爾那時正在研究人群的遺傳組成情況——灰眼睛出現的機率、藍眼睛出現的機率、棕色眼睛出現的機率。費歇爾放棄了用機率區分人群，而代之用機率的**平方根**，或我們所稱的機率幅。換言之，他發現了用機率幅來測量可分辨性。

同樣，物理學家威廉·伍特斯（William Wooters）也認識到，在量子論中存在機率幅，並且在所謂的希伯特空間（Hilbert space，一種機率幅圖）中，兩點間的夾角將兩個原子群區分開來。這樣，機率幅就為測量原子群的可分辨性提供了一種測量手段。無疑，可分辨性是建立我們稱之為知識或意義的那種東西的核心。

訪：你說過觀察是一個分為兩個階段的過程。為把這個問題說得更明確些，你能說明觀察者是什麼意思嗎？例如，照相機可算作觀察者嗎？

答：這個問題使我們又回到了觀察基本量子現象（例如照

相底片上感光乳膠顆粒變黑）與使用這一觀察（即基本量子現象）以建立意義這兩者的本質區別上。如果拍攝照片之後，照相機毀壞了，或者在我看了照片之後，隕石隨即毀滅了我、照片和照相機，那麼，雖然基本量子現象本身確確實實發生過一次，但照片仍然沒能建立起任何意義。

訪：你說的不可逆放大過程的準確含意是什麼？這個過程必須包含你提到的兩個階段（即基本量子現象和意義的建立）嗎？

答：照相機底片上感光乳膠顆粒變黑就是不可逆的放大作用。因為做出撞擊的畢竟是單個光子，而顆粒則包含大量原子，所以放大的因子很大。它無疑是不可逆的，因為顆粒不可能由黑返白。

訪：說得好。但是如果返回到測量過程的第二階段 —— 即知識的建構，我不禁感到這頗像量子論的魏格納詮釋，即從量子現象到知識或意義的轉移，全賴有意識的觀察者。是這樣嗎？

答：魏格納認為，除非進入觀察者的意識，否則基本量子

現象就沒有實實在在地發生過。我寧可這樣表述：現象可以發生過，但沒有派上用場。只有一個觀察者使用它是不夠的，你需要一個團體。

訪：雖然如此，你仍然把有意識的觀察者的存在視為第二階段的關鍵。

答：是的。雖然在這裡，「有意識的」這個詞有些微妙，因為人們會想到動物也有腦子，但它們的腦子非常原始，不可能像你我這樣完全有意識。但當某種閃光——某種基本量子現象——發生時，動物也能以某種方式做出反應，這時，意義也會產生，即使這僅涉及極低水平的意識。所以我不願強調意識，即使它是這個問題的一個要素。

據弗勒斯達爾的說法，意義是溝通者可得到的所有證據的聯合產物，所以溝通的概念十分重要。由於動物也必須溝通，故建立意義並不要求使用英語！

訪：所以，這裡就有一個分界線，它至關重要地區分著生物與非生物，是嗎？

答：是的，但最棘手的是這條線究竟畫在哪裡？

訪：的確如此。讓我們回到有關的主題上來。我們已經聽
　　說過 EPR 實驗中固有的表觀詭論，但量子論的詭論
　　本質似乎是在所謂的延遲選擇實驗中顯示出來的，你
　　對這個實驗有何看法？

答：其核心思想可在光分束實驗中更簡明地看出。光由光
　　源發出，射到半鍍銀鏡上，一半透過，一半被反射。
　　這兩束光之後又被再次會合，使其互成直角交叉而互
　　不影響。沿著光束的路徑繼續下去，設有兩台計數
　　器，一台記錄沿上面路徑運行的光子，另一台記錄下
　　面路徑運行的光子。這樣，我們似乎把光明確地分成
　　沿一條或另一條路徑運行。在任何給定的時刻，哪一
　　台計數器記錄到光子是完全隨機的。

　　　　但是，我們可以在兩束光交叉的地方放置第二塊
　　半鍍銀鏡，使兩束光重新會合產生干涉效應。這第二
　　塊半鍍銀鏡可這樣安置，使百分之百的入射光到達一
　　個計數器（相長干涉），而沒有光到達另一個計數器
　　（相消干涉）。這些干涉效應只能以光同時沿兩條路
　　徑運行來解釋（見圖四及相關討論）。

對這類量子分裂實驗，愛因斯坦提出過反駁。他說，你怎麼能說光子同時沿裝置的兩條路徑運行呢？在沒有第二塊半鍍銀鏡的情況下，如果說（差勁的表述）光子沿上面或下面的路徑運行，那倒確是可能的；但在插入第二塊半鍍銀鏡的實驗中，人們說（同樣差勁的表述）光量子在第二塊半鍍銀鏡插入前，已經是沿兩條路徑運行。怎麼可能是這樣子的？

　　對這個觀點，我不知道有什麼比查爾斯‧亞當斯（Charles Addams）提出的有關滑雪者的著名比喻更恰當了。那個滑雪者穿著一雙雪橇向一棵樹滑過來。人們在他滑過樹後才看見他。人們發現在樹的左邊有一條滑跡，樹的右邊也有一條滑跡，但卻沒有看到滑雪者是怎樣創造這個奇蹟的。

　　當然，玻耳的回答是，光同時走兩條路徑時，你是在同光的波動性打交道，即第二塊半鍍銀鏡放入時，我們使用波動圖像；拿掉它時，我們使用粒子圖像。這是互補原理的一個例子。這並不矛盾，因為自然就是這樣的。我們可以研究自然的一方面或另一方

面，但不能同時研究兩個方面。

　　但是，這個實驗經延遲選擇改造後的新特徵是，我們可以一直等到光或光子（將去激發一個計數器）已幾乎全部完成了它的行程時，才實際選擇光子同時走兩條路徑或僅走其中的一條路徑（也是差勁的表述）。我們可以等到最後一刻（實際上是一秒鐘的一小部分），才決定是否放入半鍍銀鏡。因此，這看起來好像是在最後的瞬間，我們以我們的決定對已完成了其大部分工作的光子的未來行為施加了影響！這似乎是違反了正常的因果性原理。

　　然而，實際上我們沒有矛盾。正如玻耳所說，我們無權談論光子從入射點（穿過第一塊半鍍銀鏡後）至記錄點整個運行期間在幹什麼，因為說到底，任何一種基本量子現象只有在其被記錄後才是一種現象。實際上我們可以把它想像成一條大霧龍（Great Smoky Dragon），龍尾很清晰（那是光子在第一塊半鍍銀鏡進入裝置的地方），龍嘴也很清楚（那是光子到達這個或那個計數器的地方）。但在這兩者之間，

我們則無權談論究竟有什麼。

訪：玻耳的量子現象對我們理解存在有什麼意義？

答：如果我們鍥而不捨地試圖發現自然的一個要素以解釋
時間和空間，我們就必須找到比時間和空間更深刻的
東西──它本身並不存在於時間和空間之中。基本量
子現象（大霧龍）的奇異特徵正是這樣的東西。它確
實是一種帶有純知識與理論特徵的東西，一種並不定
位在入射點和記錄點之間的最小信息單位。這就是延
遲選擇實驗的意義。

訪：這個實驗實際上能進行嗎？

答：我很高興地告訴你，馬里蘭大學的艾雷（Carroll
Alley）及其同事已經在做這類實驗。玻耳本人也曾
以一句話談及這個事實：我們是在光子出發之前還是
在它已經上路時做出決定，這在量子實驗裡是沒有區
別的。然而，實在地弄清楚這一點有助於證明什麼是
基本量子現象。馬里蘭大學實驗的初步結果我已知
道，它表明玻耳的預期真的實現了。

訪：我記得你曾提出過這個實驗的一種假設性宇宙學方

案，你能對我們說說嗎？

答：可以。我剛才談的實驗是在實驗室進行的。然而，在原則上，如果我們使用類星體（quasar）那樣的光源，那我們有五十億光年的實驗範圍也是可以的。幸運的是，有一顆類星體恰以這樣的方式存在於太空：它的光以兩條不同的路徑射向我們，兩條路徑中間有一個星系，而此星系又剛好在我們觀察類星體的同一視線上。由於星系引力場的關係，兩條光束發生彎曲，使它們收斂於地球上一個觀察者的眼睛上。這個所謂的引力透鏡效應（gravitational lens effect），在原則上為我們提供了在宇宙學水平上做延遲選擇實驗的一種手段，儘管在技術上還做不到。

到達我們這裡的光子是在五十億年前，即地球上有人之前出發的。在經歷了這段時間之後，我們現在可以以玩骰子的方式，在最後瞬間決定是觀察一個干涉光子（即我們逗趣描述的同時沿兩條路徑而來的光子），還是改變記錄方式，以發現光子究竟由哪條路徑而來。而在我們做出這一決定之前，光子已經完成

了它的大部分旅程。所以這也完全是一個延遲選擇實驗。

　　不過，讓我補充提醒一下，我們不得不採用的那些詞語都是錯誤的。說光子由這條或那條或同時由兩條路徑通過都是不對的。雖然這樣說很形象，但這種說法僅僅是啟示性的。基本量子現象（大霧龍）僅被我們望遠鏡中計數器不可逆的放大作用所完成，實際上那條大霧龍在遙遠的類星體中有其身體，它構成了我們稱之為實在的一部分。就此而言，我們必須承認，我們自己也是構成所謂的過去的一部分。過去不是實在的過去，除非它已被記錄下來。換言之，除非它存在於現在的紀錄之中，過去是沒有意義或不存在的。

訪：那是否意味著，作為有意識的觀察者的我們，對宇宙的具體實在性負有責任？

答：那樣說也許走得太遠，我寧願回到意義是溝通者之間所有交流信息（它們反映了眾多的基本量子現象）的聯合產物這個概念上來。當然，大多數基本量子現象

單個說來是能量太低，以致無法覺察到，但我們知道，許多次是或非的機會累加起來就構成了多少的定義。我們明白，一隻手對另一隻手的壓力，歸根結柢是一隻手的原子對另一隻手的原子的撞擊力。分析到最後，每一原子的撞擊類似於一種是或非過程。所以，在量子和關於意義的知識之間，人們仍有很長的路要走。胡貝爾（Hubel）和韋塞爾（Wiesel）關於腦視覺系統的研究足以證明這一點。

訪：如果了解了人類甚至動物腦的運作，那會有助於解決量子論與意義間聯繫的理解問題嗎？

答：有關腦的性質肯定是一個極其複雜和富有挑戰性的主題，而且極為重要。但是，我難以相信，描述物理世界的物理要素會在那兒找到。至於意義，它可能有賴於我們揭開腦的詳盡運作機制。

　　不過，認識到腦也許不如我們慣常相信得那樣特別，這是有趣的。對眼睛演化的研究表明，其他物種的眼睛已獨立演化了四十次以上。鑑於眼睛是心靈的窗口，我們可以相信，心靈的演化也不會像我們認為

的那樣特別。

訪：你能預見任何進一步檢驗量子論概念基礎的實驗嗎？

答：我沒那麼聰明，我看不出任何立即的實驗或檢驗。我倒希望我們能發現從中可**推導出**量子論來的更深刻的概念基礎，這個基礎一方面基於可分辨性，另一方面基於互補性。互補性限制我們發問的自由，而可分辨性則澄清回答這些問題的結果。但是，一一得出這類推導的細節仍是我們無能為力的。所以，我認為獲得進展的最大希望在概念方面（即推導方面），而非實驗方面。

# 第五章

# 魯道夫・派爾斯

魯道夫・派爾斯爵士，一九七四年退休前是牛津大學威克姆物理講座教授。他對量子力學的興趣，可追溯至早期他在索末菲（Sommerfeld）、海森堡和包利（Pauli）指導下所做的研究以及他對哥本哈根的玻耳研究所的頻繁訪問。因此，他熟悉哥本哈根詮釋已有半個世紀之久，且仍認為它是令人滿意的。

訪：當初你是怎樣對量子力學的概念基礎產生興趣的？

答：量子力學剛創立時，我還是一名研究生。當然，那是一個讓人激動的時代：我們不僅力圖去了解如何應用

量子力學（顯然，這是我們大家都想做的），而且我們還必須理解它的意義。

訪：你當時受到過愛因斯坦－玻耳論戰（現在我們把它當作一個偉大的歷史事件來研究）的影響嗎？它對你產生了什麼作用嗎？

答：沒有，因為我是後來、而不是論戰發生時知道的。不過，我們後來都確信，在那場特別的論戰中，玻耳是正確的，而愛因斯坦則錯了。

訪：關於這一點，我想向你請教一下。現在的教科書使我相信，玻耳的哥本哈根詮釋肯定是正統的觀點，可是奇怪的是，今天似乎很難找到打算為玻耳觀點錦上添花的人。你認為哥本哈根詮釋仍是正統觀點嗎？

答：首先，我反對使用哥本哈根詮釋這個名詞。

訪：為什麼？

答：因為這聽起來好像有多種量子力學詮釋似的。事實上，只有一種詮釋。只有一種你能理解量子力學的方法。有許多人不喜歡這個方法，總是想找出其他方法，但誰也沒有找到別的卻又全體一致的東西。所

以，只要你談及力學的哥本哈根詮釋，實際上你指的就是量子力學。因此，大多數物理學家並不使用此名稱，主要是哲學家才使用。

訪：所以，依你看，儘管有許多人試圖找到其他詮釋，但玻耳詮釋是目前我們能真正認真對待的唯一詮釋。或許你能告訴我們你所理解的哥本哈根詮釋是什麼樣的，請恕我冒昧仍這樣稱呼它。

答：首先，我要說，要習慣它確實有點困難，因為它在許多方面似乎與我們的直覺矛盾。例如，我們的直覺告訴我們，如果我們在某處發現一個電子或某種其他粒子，總會同時發現它的特定速度。然而，量子力學告訴你，你必須謹慎地使用這些概念（位置和速度），因為在某個實驗中，它們可能未必有意義。當然，我們的直覺是從日常生活中得來的，而日常生活絕不是原子尺度的，量子效應（即這些複雜性）在其中並不重要。在日常生活中，我們有時也會碰到這樣的情況，即某些直觀上明顯的概念也會突然失去其意義。最簡單的事例莫過於「上」和「下」的概念。初看

起來，「上」和「下」的概念涇渭分明，但如果你問澳洲是在英國的上方還是下方*，問題就出來了。這時，你就會認識到那個問題有明顯的直觀意義，是沒有答案的。

　　量子力學也經常碰到類似的問題。因此，我們應該意識到，我們必須求助於那些與某種實際或至少可能的實驗相關的有意義的概念。這使許多渴望看到**實在**的人心煩意亂。例如，他們會說：「好吧，也許我觀察不到電子在何處，但**實際上**它應該是在某個地方的。」這裡，「實際」一詞是一個沒有明確定義的概念。在我看來，對量子論的所有憂慮都源於人們使用的是未定義的術語這樣一個事實。當然，在日常生活中，實在性是顯而易見的。我們座位旁的這張桌子是實實在在的，因為我能看見它、觸摸它；如果我敲打它，我會感到疼痛。但是，很顯然，當你談論一個電

---

*審訂注：對話者在英國，英國與澳大利亞正好位於地球表面的對稱位置上。

子的實在性時，情況就不是這樣了。

訪：請讓我打斷你一下。我想問你，你認為，如果我們在另一間屋子裡，沒有看見這張桌子，它**真的**還在這兒嗎？

答：當然在。因為有多種方式可以感知桌子的存在。在古典物理學的日常生活尺度上，觀察並不會明顯地干擾被觀察物體，你能輕鬆地談論所有這些概念而不會有麻煩。但在量子力學中，情況就不同了，因為任何觀察過程都必然會對被觀察物體產生干擾。因此，在談論被觀察物體在做什麼時，我們必須特別指明我們在觀察什麼，或者說我們可自由地觀察什麼。

訪：如我所理解的，玻耳對這個問題是這樣表述的：如果我們談論實在，那必須結合具體的實驗安排；你只有在清楚地說明你打算測量什麼以及如何測量之後，才能說實際情形如何。

答：是的。

訪：那麼，我們不能把一個電子看作是縮小的撞球，即如果我們未實際測量它的位置或運動狀態，我們就不能

說它具有位置或運動狀態，是嗎？不進行測量，我們就不能說它具有這兩個物理量中的任何一個？

答：是的，我完全同意這種說法。

訪：當然，這使外部世界顯得頗為幽靈化，因為它似乎在外部世界顯示出確定的屬性之前就要求存在有觀察者。許多人因此得出結論：**心靈**在物理學中必然起著某種基本的作用，因為只有在我們談論觀察時，我們才能談論實在。你認為心靈在物理學中起著這樣的作用嗎？或者，我們能否用某種無生命的裝置來替代觀察者嗎？

答：不，我們不能。你的話引出了一個非常有趣的問題。在量子力學中，我們總是用所謂的波函數或系統的態函數來談論問題的。它是一種數學實體，表徵著我們對系統的認識（如對電子的認識）。現在，如果我們進行一次觀察，我們必須用包含有對系統新認識的新的波函數描述代替原先的波函數描述。這有時稱為「波包的縮併」，關於它，一直存在著許多種推測。

訪：所謂的「波包的縮併」，就是指進行一次觀察時，波

函數所發生的突變嗎？

答：正是。現在，讓我們來想像一下一個實驗（即觀察）進行的方式。假設你有一個裝置，表面的指針能夠顯示一個放射性原子是否發生了衰變。你可以用常規物理學來描述這個裝置，但是，在你看裝置的指針前，存在有兩個可能的結果。而量子力學則給出指針在一個位置或另一個位置的機率。然後你說，好了，必須看一看裝置上的指針，於是用光照亮指針，但這時你也僅知道光被反射到一個方向或另一個方向的機率。這種情況將繼續下去，直到你最後**意識到**實驗已給出一個結果為止。這時，你就能放棄一個可能性，僅保留另一個可能性。

訪：所以，你認為意識在實在的本質中起著關鍵的作用？

答：我不知道實在是什麼。

訪：那好，讓我換一種說法。假設不是由人做這項實驗，而是由先進的計算系統或照相機之類比較質樸的東西做這項實驗。照相機在膠卷上記錄指針位置的運作能夠被看成是對波函數的縮併（即將該放射性原子置於

一種具體情形之下）嗎？

答：不，那不行。因為你當然可以用物理學定律來描述照相機或計算機的運作，但你會發現，照相機何時曝光或計算機何時輸入訊息，仍有兩種可能。所以，不存在波包的縮併。

訪：這樣一來，微觀世界的幽靈特性不是被放大成照相機或計算機的幽靈特性了嗎？

答：我不想稱其為幽靈特性。

訪：那麼稱懸而未決特性？

答：是的，這與知識有關。你知道，量子力學描述是借助於知識的，而知識要求**某個**懂得知識的**人**。

訪：但是，計算機懂知識嗎？

答：我想，它不懂。

訪：所以，這似乎顯示，存在有一種稱為心靈的人類屬性，它把我們與環境中的其他東西區分開來；它對於使基本物理學具有意義是絕對必要的。是這樣嗎？

答：我認為是這樣。事實上，確有一個有趣的推論，因為有人聲稱：「好吧，如果你把觀察者包括在你的量子

力學或波函數描述中，那你就能寫出描述觀察者每個腦細胞中每個電子的運動方程。」雖然你實際上不可能做到這一點，但原則上，這樣的方程應該存在。在建立了這個波函數之後，問題便會是：「這究竟代表了誰的知識？」對此，沒有簡單的答案。

訪：沒有，我肯定沒有！

答：我想，有一個辦法可以擺脫困境，即認為你能夠用物理學來描述人（或其他任何生物）的全部功能（包括他的知識和意識）的邏輯前提是站不住腳的。一定還有些東西被遺漏了。

訪：但上述觀點必然會碰到這樣一個棘手的問題，即在人類、以及想必有的任何種類的觀察者出現以前，顯然存在過一段時間。就某種意義而言，我們可以認為在有驅除量子論幽靈世界的人類之前，宇宙是不實在的或不確定的嗎？

答：不可以，因為現在我們有一些關於世界起源的資訊。我們能夠從宇宙中的周遭發現許多標誌過去發生的事情的痕跡。雖然我們還不能完全理解這些，但這些資

訊是存在的。因此，我們能夠用可使用的資訊建立起對宇宙的描述。

訪：這是一種極其有趣的見解。你是說就某種意義而言，我們作為觀察者此時此地存在，距宇宙大爆炸之後一百五十億年，但我們的存在卻要對那次大爆炸的實在性負責，因為我們正在追溯過去，考查它的痕跡。

答：我再次反對你說的實在性。我不知道那是什麼。關鍵點是，我並沒有說我們對宇宙的思考創造出這樣的宇宙，我是說它創造出一種描述。假如物理學完全由我們所見或我們可能見和將要見的描述所組成，那麼，如果沒人能觀察此系統，描述就根本不可能存在。

訪：這似乎有道理。但是，我確信，愛因斯坦肯定會強烈地反對你所說的意思，因為他相信實在性是我們透過觀察揭示出來的東西。你認為愛因斯坦在這個問題上完全錯了嗎？

答：我想是的，儘管我們大家都對愛因斯坦深為崇敬，因為他為物理學發現了許多東西。但我們不能不承認，他不願意使自己適應於量子力學的含意。你看，我們

並沒有什麼明確的方法可以給實在性這個概念下定義。由於現在有許多有效的概念我們無法明確對其下定義，所以，實在性概念仍然可以有意義。但是，如果我們試圖維持愛因斯坦關於必定存在實在這樣的東西的理想，那麼，在邏輯上我們就會與量子力學相衝突。人們已花了六十年左右的時間，力圖找到避免這種衝突的途徑，但都無功而返。依我之見，這樣的途徑很可能是不存在的。

訪：對於具體實在性，或愛因斯坦所持有的客觀實在性，似乎一直存在著一種極其強烈、甚至帶感情色彩的訴求，即好像總是希望將我們自己置於客觀世界之外。我個人對一件事深感好奇，即科學家總是想把心靈或觀察者從事物的中心排開，而我卻似乎覺得把我們置於那裡是件有趣的事。你認為為什麼會有這麼多物理學家無休止地進行探索，以發現愛因斯坦所謂的不依賴於心靈的客觀實在性的某些痕跡？

答：其原因你已經提到了。但我並不認為有那麼多的物理學家擔心這個，我相信他們只是極少數。

訪：也許是因為他們鼓譟得比較厲害。

答：他們確實善於鼓譟。事實上，過去曾有人問我，為什麼只有這麼少的人願意挺身捍衛玻耳的觀點。我當時未做回答。當然，答案就是：即使有人發表文章聲稱二加二等於五，那也不會有許多數學家會寫文章捍衛常規的觀點。

訪：當然，愛因斯坦做過的事情之一就是，他提出了一個促使人們以新的眼光看待這個問題的思想實驗。最近，由於阿斯佩克特實驗和其他相似實驗的結果，我們已經看到，這些概念可以被實驗檢驗。你認為這些實驗結果與預期中的圖像相符嗎？或者，你認為阿斯佩克特實驗告訴了我們什麼有關量子力學的新東西嗎？

答：不，它們沒有。當然，一個理論預測被實驗證明了總是不錯的，因為過去我們曾有過驚奇。但是，物理學並沒有因為這些實驗給出了與量子力學的預言相一致的結果而改變。如果實驗結果與理論不符，我們倒會真正感到棘手，因為那樣，我們就不得不至少放棄現

存方案的某些部分。事實上，要另外提出一種理論，它既能產生已為量子力學精確驗證的所有結果，又能借助於這幾個不同凡響的實驗，引入某種新東西，那幾乎是不可想像的。但幸運的是，那種情況並未出現，因為實驗與量子力學吻合得很好。

訪：人們曾一度提出過各種隱變數理論的可能性，在這些理論中，人們可將量子粒子的猶疑不決或非決定性，歸咎於一組我們無法感知的複雜而隨機的力，這種力使量子粒子行為無常，就如同熱力學中分子轟擊產生一系列複雜的力，從而導致粒子紊亂無序一樣。你認為阿斯佩克特實驗已對這樣的理論判了死刑嗎？或者還有其他方法可拯救這些理論？

答：嗯，如果有人硬要反對已被認可的觀點，那他們可以想出許多可能性，但還沒有人發現不與這些實驗相矛盾而又有意義的隱變數觀點。這已為約翰・貝爾所證實，他在確立這一點上功不可沒。此前，數學家馮紐曼也曾提出過一個證明，但他用了一個實際並不需要的假設。所以，我認為答案是，這些實驗至少排除了

現有的全部隱變數理論，但也許有人還能提出一個與這些實驗相符合的隱變數理論。

訪：一種可能是拋棄定域性概念，即接受某種超光速傳訊的可能性，使遠隔的事件可以同謀的方式同時發生。我記得愛因斯坦曾將此譏為「幽靈般的超距作用」。如果人們準備接受這種即時聯絡的可能性，那麼，我認為，既保留客觀的實在性觀點，又不違反阿斯佩克特實驗結果將是可能的。

答：如果你這樣做，那實在論就會變得非常滑稽。首先，如果真有即時信號傳遞或超光速傳訊的可能，那麼，我們的相對論就會遇到大麻煩。

訪：那樣的話，就有可能逆時傳遞信號，或許還會因隨之而來的種種詭論而影響到我們自己的過去。

答：確實如此。不過，如果你想一想這些新實驗的推論就會明白，它們並沒有為超光速傳訊開闢道路。

訪：但是，如果我們發現分離事件之間有聯繫，感到它們之間似乎真有共謀，使彼此能了解對方的情形，那你能想出一個簡潔的方法來說明事情並非如此嗎？

答：我們所討論的最初的思想實驗，涉及兩個具有自旋的
　　粒子。不管你測量哪個特定方向上的自旋，你都會得
　　到一個確實結果：正或負。令人驚訝的是，如果你測
　　量一個粒子比方說在垂直方向的自旋，那你就能預言
　　另一邊粒子的自旋同樣在垂直方向；如果你測量的是
　　其水平分量，那你也能預言另一邊粒子的水平分量。
　　這使人認為，通過選擇測量垂直分量還是水平分量，
　　能夠以某種方式改變另一個粒子的情形。但是，事實
　　上並非如此。當然，如果你知道一個粒子的答案，那
　　你也就知道了另一個粒子的情形。但如果你測定了一
　　次垂直自旋或水平自旋，而沒有公布結果，則另一個
　　粒子依然故我。因此，這不能用於傳遞信號。

訪：你沒有控制你的具體測量的結果，所以你就不能控制
　　另一次測量的結果；你僅知道，在你做了一次測量之
　　後，另一個相應的測量結果也就固定了。

答：正是這樣。但是，你是測量這個方向還是那個方向，
　　並不會改變另一邊粒子的狀態。所以，這不可能快速
　　地傳遞信號。如果你考慮你的隱變數，那你必須發明

某些永遠測不出的變量。原則上，你永遠不可能知道
這些變量的答案，它們相隔很遠但不知為何彼此聯
絡，而同時卻又不影響物理狀態。在我看來，這個觀
點太沒有吸引力，即使你使它與阿斯佩克特實驗相一
致，我仍鍾情現有的詮釋。

訪：你持這樣一種觀點，似乎是經過深思熟慮的。我想把
話題轉到宇宙學上來，因為近來人們都熱衷於把量子
論用於整個宇宙。在這裡，我們遇到了一個棘手的詮
釋問題，因為如果整個宇宙由包括觀察者在內的所有
事物組成，那我們就面臨一個如何對整個宇宙的量子
態做出測量的難題。對此你有何看法？

答：這個嘛，我認為很顯然，這種測量是絕不可能的。我
們的一個困難在於，在量子力學中，大多數解釋，大
多數練習都是考慮一個系統，並說：「好了，現在我
們已完全測量了系統的態，這就是我們的出發點。」
在技術上，這就是所謂的純態。可是，在任何實際情
況中，你不可能碰到這種情形。總會有許許多多在
原則上可測量的變量因時間或精力的關係而未被測

量。這與我們在古典物理學中遇到的情況很想像，在那兒，很少有人說測量了每一件可能測量的事物。這也類似於統計力學，在那兒，我們並未確定許多單個分子的行為，而只關注它們的平均行為。在宇宙尺度上，我們也有這個問題，只是更突出罷了。

訪：不過，在古典物理學範疇，我們有可能探究整個宇宙在幹什麼。原則上，我們可以像拉普拉斯（Laplace）曾經做的那樣，想像擁有所有粒子及其徑跡的資訊，並在某種意義上，預言其所有的未來行為。但如果你試圖用量子力學來做這樣的事，那你就又會碰到將觀察者包含在其中的障礙。

答：啊，你絕對不可能預言所有的未來行為，這是量子力學的性質所決定的，因為量子力學是非決定論的。但原則上，你可以寫出整個宇宙的量子力學方程，一個波動方程。

訪：是的，有人正在這麼做。但問題是，它有意義嗎？

答：這個問題嘛，僅看你能確定初始條件，並發現某特定時刻在微觀水平上的宇宙的態，這個方程才有意義。

訪：雖然人們實際上也許不可能得到那些資訊，但人們僅僅按照宇宙波函數想一想會有意義嗎？

答：你可以想一想。

訪：但它有意義嗎？

答：我認為有，因為你仍能夠從它的行為中推測出某些結果，它們與某些人可能做的原始觀察無關。這些結果以後會有用的，所以我認為揣測這樣的波函數是合理的。但實際上我們不可能真的這樣做，因為我們不可能做出全部觀察。你說過，在你指明宇宙的波函數時，你將所有的觀察者也都包括進去了，這樣，我們又碰到了這樣的問題，即生物學是不是物理學的一部分。與此相似，現在我們已經知道，在本質上，化學是物理學的一部分，生物學是否也如此，這仍未被證明。許多人傾向於假設它是，但這可能是錯的。

訪：你是說，一旦結構變得足夠複雜，就可能出現本質上的新特徵嗎？

答：一旦結構變成有生命時，就會如此。

訪：可是生命現象本身不是也可歸結為原子的各種性質

嗎？

答：我並不認為在這裡會有任何特別神祕難解的東西，這與十九世紀物理學所發生的情況頗為相似。當時，科學家曾一度相信，任何解釋都離不開力學機制，力學就代表了整個物理學。物理學家在發現電磁現象後，也曾試圖用某種力學機制來解釋它。在這一方面，馬克士威甚至嘗試過。但他後來認識到，其他人也認識到，這條路走不通，因為電和磁本來就是物理概念，它們不僅不與力學相矛盾，而且補充和豐富了力學。從這個意義上說，我認為，除非我們已經以某些新概念豐富了物理學，否則，我們將難以很好地建構生物學的基礎。這些新概念是什麼，我無可奉告。

訪：有些人在研究了宇宙波函數之後，覺得必須採用量子力學的多宇宙詮釋。在這種詮釋中，人們設想一切可能的量子選擇在某種意義上都是同時存在的。對這種解釋，你有何見解？

答：這使事情不必要地複雜化了。既然我們無法看見其他宇宙，又永遠不可能與其聯絡，又何必要發明它

們呢？我覺得有一種思路，其觸角是敏銳的，但卻不必要自鳴得意。量子力學只能根據給定的初始訊息做出預言。如果你做了某些觀察，你就會對系統有所了解，這時，量子力學就能告訴你進一步的實驗給出另一組結果的機率。所以，在某種意義上，你可以說量子力學就像一本辭典，上面羅列了在各種初始條件下所有可能的結果。現在，你只要用「多宇宙」一詞代替「辭典」一詞，我們就與埃弗雷特及其他多宇宙概念的倡導者站在一起了。換言之，一定有許多為量子力學所允許的**可能性**，而我們則通過觀察，找出我們實際看到的那種可能性。按照埃弗雷特詮釋的慣用說法，那就是，你必須通過觀察才能看清你處在**眾多宇宙**中的哪一個。但我更喜歡用「可能性」或「可能性辭典」等字眼，而不是「多宇宙」這個名詞。

# 第六章

# 大衛・多奇

大衛・多奇，牛津大學和德州大學奧斯汀分校天體物理學研究員。長期以來，他一直對整個物理學，尤其是量子力學的概念基礎懷有濃厚興趣。在這裡，他為多宇宙詮釋進行辯護。

訪：作為談話的開始，我可以請你簡要地介紹一下多宇宙詮釋嗎？

答：那是這樣一種思想，即認為存在一些平行的完整的宇宙，它們包含所有的星系、恆星和行星，彼此共存於同一時間，在某種意義上還共存於同一空間。通常，它們之間互無聯繫，但如果彼此完全隔絕，那我們假

設其他宇宙的存在就是無的放矢了。我們必須假定它們存在的理由，是在量子論微觀水平的實驗中，它們實際上確有相互影響。

訪：在我們探討這個問題之前，你能肯定下列說法的正確性嗎？這個說法是：在某種意義上，在「外在世界」存在有許多別的宇宙，它們與我們所處的這個宇宙非常相似，但通過我們自己的時間和空間，我們無法同其聯絡。

答：完全正確。

訪：那麼，這些別的宇宙在哪兒呢？

答：我說過，就某種意義而言，它們就在這裡與我們共享相同的時間和空間。但在另一個意義上，它們在於「別的地方」，因為預言它們存在的理論同樣也預言我們僅能間接地檢測它們。在任何大尺度上，我們都不可能到那裡去，或與它們進行聯絡。

訪：如果這樣，那我們為什麼要相信這樣一種怪誕的建議呢？

答：我想，首先是因為預言存在多宇宙的理論是量子論最

簡單的詮釋；其次是因為我們相信量子論，因為它在實驗上獲得了巨大的成功，堪稱是有史以來最成功的物理學理論。

訪：你說它是量子論最簡單的詮釋，但我卻覺得它像是一種異常複雜的詮釋，或至少是一種包含有某些古怪概念的詮釋。在什麼意義上說它是最簡單的？

答：說它是最簡單的，理由在於：除了那些正確預言實驗結果的假設之外，它所包含的額外假設最少。物理學中所有理論都預言了某些可由實驗直接檢驗和某些無法用實驗直接檢驗的事物。例如，我們的恆星理論就預言了某些我們可測量的事物，如恆星的亮度，它們何時會演變為超新星。但恆星理論也對恆星中心的溫度等做了預言，而這些我們無從直接檢驗。我們之所以相信這些理論，包括其無法檢驗的預言，因為它們是在一個首尾一貫的物理學框架內，說明我們能觀察到的事物的最簡單方法。

現在，量子論的其他詮釋也涉及關於實在性的相當不直觀的假設。在有些假設中，意識 —— 人的意識

──與自然的實在性有著直接的關聯，由此導出了沒
　　有觀察，就無所謂存在的推論。依我看，這比平行多
　　宇宙概念遠為奇特，且事實上是無法接受的。

訪：這麼說，平行多宇宙概念是「廉價的假設，昂貴的宇
　　宙」（較少的假設，更多的宇宙）？

答：完全正確。在物理學中，我們總是力爭少做些假設。

訪：那有多少別的宇宙存在？

答：準確的數目取決於我們現在尚未完全理解的物理理論
　　的細節。為穩妥起見，我認為有許多，或許有無限多
　　個這樣的宇宙。其中有許多與我們的宇宙大相逕庭，
　　但也有些僅在某些細節上有差別（如書在桌上不同的
　　位置），而在其他方面則完全相同。

訪：你能解釋一下這些宇宙是怎麼來的嗎？它們是始終存
　　在，還是時多時少？

答：對這個問題，我趨向於認為它們數量極多，而且數目
　　不變。也就是說，總有同樣多個宇宙。在一個選擇或
　　決定（有多種可能的結局）做出前，所有宇宙都相
　　同；一旦一個選擇做出，它們便分化成兩組，一組中

產生一種結局，另一組中產生另一種結局。此後，兩組宇宙之間通常就沒有相互影響。不過，如我前面所說，偶爾它們也會相互影響。

訪：有時，多宇宙詮釋也被認為是**分支**宇宙詮釋，即當世界面臨量子選擇時，它就分裂，使所有可能性都存在。你的觀點是否與此略有不同？

答：是的。一九五七年，當埃弗雷特首次提出這種詮釋時，他就是這麼說的，他用了分支宇宙這個名詞，因為如果有一個全同宇宙集合的話，他寧願將其稱為一個宇宙。他覺得既然這些宇宙全同並且保持全同，那再稱「多宇宙」就毫無意義了──那不過是對唯一宇宙的不同描述方式而已。所以，如果我說多宇宙分隔成兩組，埃弗雷特則說一個宇宙分裂成兩個宇宙。我這麼說是想說明，總有相同數目的宇宙存在，它們不斷將自己重新分配。

訪：是不是隨著時間的推移，這些宇宙不斷地自我分化？我們是否可以認為，它們多少是平行共存，數目不變但內容在變？

答：是的，它們的複雜性在變。這種複雜性的增加是熱力學第二定律在量子論中的反應。熱力學第二定律認為熵總在增加，或者說存在時間的「前進箭矢」（forward arrow）。

訪：我不想爭論這個。我感到困惑的是：量子力學的基礎結構在時間上是反演對稱的，我不理解為什麼我們談論的種種變化應朝著特定的時間方向發生。我們不能發現等量的其他宇宙，其複雜性是隨時間而減少的嗎？

答：在量子論的埃弗雷特表述中，確實允許宇宙再度合併（用他的舊說法），或者再次回到全同（用我喜歡的說法）。多宇宙詮釋的理論並沒有**先驗設定**它們不應該如此，而只能向著未來分化，或以隨機的方式向任一方向發展。實際上，多宇宙的分化為何在時間上應該向前，與所有物理學分支在解釋上為何總是有時間之矢是同一個問題。

訪：在你的理論中，這個問題也沒有解決嗎？

答：沒有。我認為，雖然在量子論中存在著可能通向解決

這個問題的研究途徑，但現在這個問題還未解決。不過，請記住，這是所有物理學分支中都存在的一個問題，它既未直接被埃弗雷特的詮釋所解決，迄今也未被其他任何理論所解決。我想補充一點，各宇宙在小尺度水平上的匯聚確實是發生的，實際上也被觀察到了，因為每進行一次干涉實驗，就為兩組宇宙的合二為一提供了間接證明。

訪：這種說法聽起來讓人驚愕。你能給我們一個你認為兩個宇宙在我們的觀察中合併的精確例子嗎？

答：可以。光學中經典的楊氏雙縫實驗就是一例。人們所做的是使很弱的光束通過雙縫之一，一次通過一個光子（現在用其他粒子也能做到），即光子的某些特性會由於它一次只穿過其中一縫而受到破壞。就是說，如果光子穿過一條縫，那麼儲存在光子中的某些信息就被毀掉了；如果光子穿過另一條縫，其中的信息同樣也被破壞。而按照量子論，這個粒子的某些方面──即波函數──應該是同步穿過雙縫，其信息也並**未**被丟失。這就使人再次舊話重提：光的本質究竟

像粒子還是像波？我們現在所談的實驗向我們展示了「光子的似波性」。然而，如果你在靠近兩條縫處各放置一台探測裝置，那你一定會測到從這條縫或那條縫出來的光子。但是，正是由於探測裝置的存在，妨礙了人們對那個本來可以檢測出光子似波性的系統的操作。對此，埃弗雷特這樣解釋：似波運動的觀察結果告訴我們，在前一時刻，存在有兩組宇宙，在一組宇宙中光子穿過一條縫；在另一組宇宙中，光子穿過另一條縫。但後來，這些光子在同一地方出現，此後，所有宇宙又歸於全同了。

訪：讓我們更準確地理解這一點。我們提供一個粒子選擇穿過這條縫或那條縫的機會；而在埃弗雷特詮釋中，這兩種選擇表徵著兩個完全隔離的世界。但是，如果我們允許這個系統將兩條路徑重新合併，那麼，這就意味著使兩個世界重新融合。

答：正確。如果人們稍後觀察融合後的光子具有這樣的性質，即它已將它確實是穿過這條或那條縫的可能性排除了。

訪：所以，我們所談論的這些世界，雖不是我們的空間和時間的一部分，但似乎仍能在原子水平上聯絡。我們有可能設想去探查這些別的宇宙嗎？我們可能獲得有關它們的任何信息——即使在原子水平上——嗎？我們能夠透過考查原子的性質而發現這些別的宇宙的任何情況嗎？

答：在一定程度上說，我們可能做到。但我們只能透過間接實驗檢測其他宇宙的存在，就如同透過考查太陽表面五千度的溫度，從而推測出其內部一千六百萬度的溫度一樣。換言之，我們是透過理論來檢測它們。

　　至於探查這些別的宇宙，我們現有的理論表明那是不可能的，正如我們無法直接回到過去或進入將來一樣。

訪：不過，在這些其他的宇宙中，有與你我十分相像的居民，是嗎？

答：這也和過去與將來的情況一樣。事實上，唐‧佩奇（Don Page）和威廉‧伍特斯近來探索了過去和將來的「不同宇宙」同現在與我們並存的不同宇宙間的聯

繫，並在一個統一的數學基礎上描述了這些宇宙。該研究表明，過去和將來只不過是埃弗雷特的其他宇宙的特例。

訪：但是，回到過去必然會遇到某些詭論（因果詭論），而在平行多宇宙的情形中，則似乎可以避開這樣的詭論。人們可以設想進入另一個宇宙中，見到好像是自己的另一個拷貝，但這個拷貝又不可能完全是自己，因為它略有不同。而且，在這一宇宙中，你可以改變未來事件，而當你回到自己的宇宙時，又不會與自己宇宙中你的未來相衝突。實際上，這並沒有幫助你擺脫科幻作家熱衷且人所共知的時間旅行詭論，對嗎？

答：如果量子論略有不同，情況就會這樣。目前的量子論之所以不允許這樣，其原因在於，就像在某種意義上說，過去影響現在，現在又影響將來一樣，不同的平行宇宙作為共同物理實體的一部分而交織在一起。物理實在就是共同演化的所有宇宙的集合，好比一台機器中相互嚙合的齒輪，你不可能移動其中的一個而不影響其他。所以，平行多宇宙就像過去宇宙與將來宇

宙一樣，不可避免地相互纏繞在一起。

訪：如果你到另一個宇宙中去，踩死一隻甲蟲，那在你自己的宇宙中就會有相應的反應？

答：是的。

訪：所以，它可能比我們想像的時間旅行詭論更複雜，對嗎？

答：對。當然，人們可以推測，對量子論稍作改動，人們就能進入過去或現在的其他宇宙中。但是，由於量子論是我們相信這些宇宙存在的唯一理由，若僅僅為了讓這些宇宙的行為稍有不同、或為了使它們以比現在更為奇特的方式行事就去改變量子論，那似乎是太輕率了。

訪：你已部分說明了多宇宙詮釋對你的吸引力。但依你看，量子力學標準的哥本哈根詮釋有什麼錯呢？

答：我已經說過，埃弗雷特詮釋在形式上更自然。但接受埃弗雷特詮釋的最佳物理理由是量子宇宙學。在量子宇宙學中，人們試圖將量子論用於整個宇宙，將宇宙看成是一個動力學實體，它肇始於大爆炸，後來演化

出星系等等。在此情況下，當人們試圖探究（如透過閱讀教科書）量子論中符號的意義時，人們如何運用宇宙波函數和量子論中的其他數學實體來描述實在性呢？在教科書中，人們讀到：「首先考慮在所考查的量子系統之外的觀察者……。」但人們馬上就不得不停下來。如果我們討論的是一個實驗室，假設有一個外部觀察者是完全行得通的：我們可以想像有一個坐在實驗裝置以外的觀察者正在考察它，對實驗裝置進行觀察。但是，如果由量子論描述的實驗裝置是整個宇宙，再想像有一個觀察者坐在它的外面，那在邏輯上就說不通了。因此，標準詮釋失效了，它完全不能用來描述量子宇宙學。即使我們知道怎樣寫出量子宇宙學理論（順便插一句，這絕非易事），但要確切理解理論中符號的意義，除了埃弗雷特詮釋，其他任何詮釋都無能為力。

我還想補充一句。據我的經驗，物理學家改變他們對量子論詮釋的觀點，往往發生在他們開始思考量子宇宙學，最後發現除了多宇宙詮釋外別無它途之

時。

訪：如果我們處理量子宇宙學，常規詮釋就陷入了麻煩。
但如採用多宇宙概念，我們就有一種詮釋，它似乎針
對和克服了量子宇宙學的難題。至少原則上，它給了
我們一種能夠談論整個宇宙的量子行為的一致性的方
法。因此，它向我們展示了一種前景，即我們可以將
量子力學看成是宇宙確實存在的一種解釋，即將整個
宇宙的出現說成是某種量子現象。你認為是這樣嗎？

答：是的。但我必須強調，與我說過的其他大多數事物不
同，這還只是推測。（我說過的其他事物並不是推
測。）我認為，就像很可能可用埃弗雷特詮釋中的分
岔結構來理解熱力學第二定律一樣，也存在著理解有
關整個宇宙存在問題的可能性。

訪：這樣，在多宇宙詮釋中，人們似乎牢牢地抓住了客觀
實在性的某些證據，儘管這是一種多重實在性。

答：是的，那是它的主要優點之一。

訪：而且它不必引入諸如意識和心靈等任何主觀因素。關
於觀察者究竟是什麼，這個理論一點也沒談及嗎？

答：沒有。埃弗雷特詮釋的另一個優點是它不必在理論的框架內提出觀察者的工作模型，即不必詳細說明觀察者與其他任何物理系統之間的區別。順便提一下，多宇宙詮釋使人們明白了測量的含意。測量理論中有些問題，用埃弗雷特詮釋很容易處理。但與什麼是意識相比，這些問題可說是直截了當的。我把這一點看成是埃弗雷特詮釋的**優點**之一。即使我們尚未確切掌握有關意識的知識，這一詮釋仍能有效，而其他解釋無法很好地做到這一點。

訪：然而對許多人來說，量子力學為人們所欣賞的一點正是它將觀察者放回到舞台中心，以及以非凡的方式將心靈整合進宇宙的運行之中。他們喜歡那樣，因為心靈具有某種神祕的吸引力，但你卻在把心靈從宇宙中驅逐出去，至少你在使它成為宇宙運行中可有可無的東西。

答：是的，這是一種有趣的爭論。實際上，我想完全倒過來說：我認為，正是常規詮釋將心靈逐出了物理實在王國。

訪：何以見得？

答：因為常規詮釋認為，心靈遵從的物理定律不同於其他實體；其次，我所知道的所有常規詮釋中，心靈這一全新屬性──全新的神祕屬性──的本質，並沒有被詳細說明。也許有一天，人們會發現描述心靈的新定律，而它們恰好與量子論的常規詮釋相一致。這與其說是理論預言，不如說是良好的願望。而埃弗雷特詮釋認為，物理學的現有定律可以很好地描述心靈。在我們發現任何矛盾之處之前，我們完全有理由相信這一點。只有在埃弗雷特詮釋中，觀察者才被看成是他正在測量的宇宙的一個固有部分。

訪：不過，他在那裡似乎只是湊湊熱鬧，他對實在的確定並不起作用。

答：在實在的確定中，他並不比其他任何物理系統起更**特殊的**作用。

訪：所以，它無助於我們理解意識是什麼。我們只能說，腦是比單原子更複雜的系統，由於某些未知的原因，它們將意識賦予了宇宙。

答：是這樣。不過，如果與埃弗雷特詮釋相競爭的那些詮釋本身不能提供這份知識卻又需要它，那我不認為這是它們的優點。

訪：我想也許這只有神祕性上的優點！所以，讓我們來討論下面的問題：人們可以簡單化地說，在與世界——至少是物理世界——打交道時，我們所有的就是觀察；我們能做實驗，我們可進行測量，我們可用模型將它們聯繫起來。量子力學為我們提供了一種極好的關聯觀察結果的模型：我們可以把它看成是一種算法，一種聯繫我們所有觀察結果的方法，而且它工作得很好。所以，我們何以必須要多宇宙這樣煞費苦心的概念呢？我們不能只取用量子論的票面價值嗎？

答：將理論僅僅解釋為預言實驗結果的工具，而不把它看成是對客觀實在的真實描述，這種觀點的缺點在於它會麻痺理論的進一步發展。我們可以用早期的物理學做一下類比：當伽利略迫於宗教法庭的壓力，不得不宣布放棄他關於地球繞太陽運轉以及由此引起光在天空中的表觀遲動的理論時，人們並不讓他一退到底，

要求他聲明自己的理論是**偽理論**，而僅讓他後退一半；他們要求他說，雖然他的理論對預言亮點在天空中的位置是一個好算法，但他不應該因此走得太遠，說這些亮點是由空間實際存在的發光物體產生的。

訪：我懷疑這兩者之間是否真有區別。依我之見，在現代物理學中，這兩者根本就沒有區別。例如，人們經常談論虛光子 —— 它們真的存在，還是實際上並不存在？我認為談論這個問題沒有任何意義。我相信，我們唯一所有的就是計算不同觀察結果的方法。談論虛粒子是否真的存在，是一件徒勞無益的事。

答：是的，這是對「真的存在」這個詞略有不同的解釋。不管我們是把虛光子描述為在普通時空中存在或不存在的粒子、波或其他東西，那都只不過反映了我們在把物理知識**翻譯**成日常語言時遇到的困難。但我認為，我們必須說，確有**某種東西**實際存在。讓我們再回到伽利略的例子。如果當初其他物理學家真的接受了這種思想，即認為伽利略的理論只不過是一種預言天空中亮點的算法，那麼，從伽利略理論向牛頓理

論的躍進就會癱瘓，儘管牛頓理論是超越伽利略的理論，而向前邁出的非常堅實的一步，它與陳舊的天球理論不可同日而語。如果牛頓滿足於過時的天球本體論，他也絕不可能創建他自己的理論，**即使這種理論是作為一種「工具」或「算法」**。

我們有雙重的理由將量子論看成是對實在的描述。首先，它就是我們之所以需要該理論的目的；其次，若非如此，就必然會阻礙物理理論的進步。

訪：你還沒有完全說服我，因為畢竟人們可以說，電磁場只不過是一種發明，一個名詞，它並不真的存在，而這並沒有妨礙電磁學的不斷發展。

答：我認為你又以二種不同的含意來使用「真的存在」這個詞。在我們談論電磁場（如無線電傳播）時，我們習慣上用認為這些電磁波真實存在的語言來描述它。我們說它們從發射機發出，被接收機接收。事實上，如果我們不用這樣的語言，而新創一種語言來描述古典電磁場理論是非常困難的。當然，也不是完全不可能。比如，人們可以只談電子在接收機和發射機中的

運動，而對在這兩者之間感應是如何傳播的避而不談。但這是一種錯誤的說法，因為如果我們在馬克士威時代強迫自己用這種方法考查世界，那場論以後的發展（如能量密度歸因於場自身）以及後來的量子場論都將是不可能的。

訪：但是，場仍然是一種抽象結構，不是嗎？

答：它肯定是一種抽象結構，但當物理理論說它與某種實在的東西相對應時，它就在物理學中獲得了一席之地。至於我們給它所對應的這種實在取什麼名稱，那是一個次要的問題。

訪：但是，任何可信的關於實在的模型，最終都會回到我們的觀察上來，對嗎？無論人們發明什麼複雜的抽象機制用以談論擾動的傳播和相關連的影響，只有在接收終端（即觀察者）那兒，人們才真正與實在發生接觸。我的意思是說，最終我們會回到我們的觀察，那是我們唯一得到的東西，不是嗎？為什麼我們應該不滿足於此呢？

答：我不同意你的看法。如果我們的觀察真的是我們的

「最終」所得，我不相信我們甚至還會有觀察。我們觀察事物的方法是借助於理論與實驗之間的密切聯繫。這兩者我們都需要。說到底，我們的感官就是特定理論的物質體現；我們的眼睛是特定光學理論，特定色彩理論和三維空間理論的具體體現。我們將這些還原為理論的一種方法，就是指出其中某些是錯誤的（說明眼睛工作原理的某些理論實際上就是錯的）。我們在看事物時，依靠的並不僅僅是我們感官的知覺，不然，我們就絕不可能發現有兩種綠光，一種直接為綠，另一種由藍黃組合成綠。

訪：是的，但我們能借助技術擴大我們的能力，從而發現它們。

答：確實如此。我們通過結合理論與觀察，擴展我們對世界的知識，進而發現它們。既非僅依靠觀察，也非僅依靠理論去發現它們。

訪：儘管多宇宙理論可能很有趣，但它也許只是一種談論世界的方法，或者說，它實際上能被檢驗嗎？你說過我們不能造訪那些其他宇宙，但我們能設計一種實驗

證明它們確實存在嗎？

答：埃弗雷特最早提出他的詮釋時，他認為它純粹是一種技術性的詮釋。換言之，在他的系統中，量子論的理論預言與在其他系統中完全一致。現在，我認為並非如此。我近來做了一些工作，以期顯示出埃弗雷特詮釋與常規「詮釋」在實驗上的確切差異。我現在在「詮釋」上加上引號，因為我相信實際上量子論有不同的形式結構。

訪：照你說，我們現在討論的不是考察同一理論的兩種不同方法，而是兩種完全不同的理論，是嗎？

答：是的。當我意識到，在數學水平上，這兩種表述形式實際上略有不同，因而原則上有望建立一個關鍵性的實驗檢驗時，我就試圖尋找這樣的檢驗方法。但我遇到的最大困難是，常規詮釋非常鬆散和不準確，很難確定其預言究竟是什麼！不過，我最後確信，各種形式的常規詮釋的共同核心是：它們都說，至少在測量結果進入觀察者意識的那一時刻，波函數會發生縮併（雖然在常規詮釋的不同說法中，這種不可逆的

訊息丟失有時並不標以這個名稱）。而從實驗中我們知道，只要訊息仍保留在能展示原子干涉的次原子系統之中，這種縮併就仍未發生。所以，可以推斷，縮併必然發生在原子層級與觀察者意識到它之間的某一點。這一點究竟在哪兒，我們不得而知。我們之所以不知道，那是因為常規詮釋在這個問題上非常含糊。現在，如借用埃弗雷特的多宇宙概念，波函數的這種縮併被描述為除了一個宇宙之外，其餘所有宇宙的驟然消失。

訪：但是，當然，那並沒有發生？

答：我們相信那並沒有發生。但我們需要有一個**實驗**以檢驗它是否發生。實驗的原理如下：我們先找出一種情形，在這種情形中，常規詮釋預言所有其他宇宙驟然消失，而埃弗雷特詮釋預言它們並沒有消失，而是平行地存在。然後，我們再在一種干涉實驗中尋找它們後繼相互作用的某些可觀察結果。如果埃弗雷特詮釋正確，我們會看到一種結果；如果常規詮釋正確，我們則會看到另一種結果。這麼簡單！

但不幸的是，這個實驗要求觀察一個觀察者兩種不同記憶狀態間的干涉效應。之所以是一個觀察者的記憶，而非任何一種舊物理體系，那不是埃弗雷特的錯，而恰恰是因為常規詮釋賦予觀察者一個特別的角色。常規詮釋與埃弗雷特詮釋的不同之處在於：前者說觀察者遵從不同的物理定律，而後者則說觀察者遵從相同的物理定律。所以，我們只能指望觀察者腦內的量子效應來幫我們進行這種關鍵性的實驗檢驗。

訪：我們現在是在談論量子記憶嗎？

答：我們是在談論量子記憶，或許是電子人工智慧。

訪：那是因為我們的腦是在古典水平，而非在量子水平運作嗎？

答：對。這是我們現所了解的。也有些理論認為並非如此。但不管這些理論怎樣認為，要在如此精細的水平上控制人腦的電子功能似乎是不可能的。實際上，當涉及到電子元件時，這等於已經在使用它們的某些量子性質了。所有的微晶片都是按那些原理工作。不過，即使現在的微晶片也過於粗糙，以致難以從中觀

察到干涉現象。

訪：但我們可以設想製造某種具有量子水平記憶的人工超
　　腦，讓它為我們做這種實驗，並告訴我們它的感覺。

答：對，它可以按我們要求的任何方式記錄這個實驗的
　　結果。它既可以將結果寫下，也可以把結果顯示給
　　我們。量子論與其競爭者之間的差別──並不是差個
　　百分之幾的問題；而是要不就我對你錯，要不就你對
　　我錯。頗像阿斯佩克特實驗的情形──在我描述的實
　　驗中，人們可以觀察特定的原子自旋。如果自旋為一
　　個方向，則埃弗雷特詮釋正確；如果自旋為另一個方
　　向，則常規詮釋正確。

訪：現在，你已經說明了人們如何製造這種超腦，讓其充
　　當具有量子記憶的觀察者。但是，你能否明確告訴我
　　們，他（如果可稱它為「他」的話）將觀察什麼？他
　　要做的究竟是什麼實驗？

答：可以，這個實驗就是觀察這個人工觀察者「心靈」
　　（mind）內的干涉現象。它既可以由某個注視他內部
　　的人去做，也可以更雅致地由其本身做。在後一種情

況下，他必須竭力記住各種事物，這樣，他才能在自己的「腦」工作時進行實驗。

訪：他能觀察他自己？

答：是的，他能觀察自己的一部分。他試圖觀察的是他自己「腦」不同狀態間的干涉現象。換句話說，他試圖觀察的是相互作用的不同宇宙中，他的「腦」不同內部狀態的效應。

訪：這些不同的內部狀態如何建立呢？

答：它們最初由一個特殊的感覺器預先建立。這種感覺器基本上正是另一種量子記憶單位，它被用來觀察一個原子系統 —— 具有兩種可能態（如原子的自旋）的系統 —— 的狀態。現在，埃弗雷特詮釋預言，在觀察了這個原子系統之後，觀察者的心靈將分化為兩個宇宙分支。

訪：這麼說，我們有一個具有兩種可能態的原子系統，每一態都會使這個人工觀察者的腦處於這一態或那一態。根據埃弗雷特詮釋，你說這兩種腦狀態以某種方式共同存在，或者至少它們分別存在於平行宇宙中。

然而，我們並不讓這些宇宙彼此脫離接觸，而使它們回復彼此重疊，或相互干涉。這樣，這個可憐的觀察者就又像以往一樣，成了精神分裂症患者，同時觀察著這兩種可能性。

答：是這樣。實際上他感覺到自身分裂成了兩個拷貝。

訪：那他感覺到他自身的再次合併嗎？

答：他應該有此感覺。當然，**我們**並無此類感覺器官，故很難說清這是一種什麼感覺。不過，如果這種觀察者存在，我們可以問問他。

訪：聽起來這種感覺很彆扭！

答：也許如此。但假設他是位物理學家，那他也許會樂意做這個實驗！

訪：他具體會怎樣做呢？

答：實驗進行到一半，他會針對平行宇宙效應寫下一份宣誓書：「我鄭重聲明，我正觀察著兩種可能性中的一種，唯一的一種。」

訪：他所寫的在兩個不同的宇宙中會是不同的嗎？

答：不。他所寫的在兩個不同的宇宙中是相同的，因為實

際上他不會說出他觀察到的是哪一種可能性。他會這樣寫：「為使這個實驗能繼續下去，我不說出我正觀察著兩種可能性中的哪一種，但我保證我僅觀察到一種可能性，唯一的一種。」這樣，他就能繼續做包含有不同腦狀態的兩個平行宇宙間的干涉實驗，並能得到一個與他原先同時存在這兩個腦狀態相符的結果。因此如果干涉發生，他就可以認為這兩種可能性在先前必然平行存在，從而支持埃弗雷特詮釋；然而，如果常規詮釋正確，則在他審議的某一時刻，除一個宇宙外，其餘宇宙全部消失。雖然在他意識到干涉現象沒有出現（即沒有發生干涉）之前，他寫：「我正觀察到唯一的一種可能性」並沒有錯，但如果干涉沒有發生，則他就證明了埃弗雷特詮釋是錯了。

訪：由於他知道了具體結果，所以他就能完全修改系統的波動性質，從而改變系統後來的量子演變，這一點後繼的測量可以證實嗎？

答：是的。他既能也不能。如果他以那種方式改變了系統的波動性質，那麼，常規詮釋就是正確的；如果他沒

有改變它們，則埃弗雷特詮釋就是正確的。

訪：這意味著，在埃弗雷特詮釋中，觀察者有可能下決心，但他「一心二意」。

答：是的。

訪：他處於關於原子系統的兩種心靈狀態之中！當實驗結束，如果人們要求這個機器觀察者回憶他曾觀察到的情景（即使它當時沒有把它寫下來），那它會回憶起什麼呢？它會將兩種情況都記住嗎？

答：不。事實上，他一個也不會記住，這是他所做的其他事情的必然結果，即他必須將他觀察到的是兩種可能性中的那一種這個記憶抹去。

訪：但他仍有這樣的記憶，即他只觀察到兩種可能性的一種。

答：是的，這恰是我這個實驗的關鍵特徵，即他關於知道只有唯一一種可能性的記憶可以一直保留，即使他被迫忘掉是哪一種可能性。

訪：你是說他能推斷出他必定已被分裂，因為他知道此結果包含了兩種可能性共存的意思？

答：正是。

訪：如果存在於我們周圍的所有其他宇宙確實能在原子層級與我們的宇宙耦合，那**我們**為什麼感覺不到它們的存在呢？

答：原則上，我們能夠感覺它們的存在，沒有根本的理由阻礙我們這樣。我們之所以感覺不到它們的存在，僅僅是由於我們的腦太大，基本上是在古典的水平上運作。如果我們的感官足夠精細，那我們就會像我假想實驗中的機器觀察者一樣，能夠檢測出或感覺到（不管這意味著什麼）其他宇宙的存在。

訪：你的意思是，如果我們能感覺到在我們腦中蠕動的所有原子，那我們就能實實在在地感覺到其他宇宙的存在？

答：是的。事實上，如我已提到過的，埃弗雷特常常將其詮釋的批評者比作伽利略的反對者，後者聲稱他們並沒有感覺到地球在他們腳下運動。實際上，正是伽利略理論本身預言，除非使用足夠精密的儀器，否則人們不可能感覺到地球的運動。現在，如使用傅科擺或

足夠精密的天文儀器，人們就能測出（即人們能「感覺到」）地球的運動。同樣，如果我們有足夠精細的感官，我們也能實實在在地感覺到其他宇宙的存在。

訪：但不管怎麼說，要實施你上面說的實驗檢驗，我們必須有那種超級電腦，只有它才能告訴我們埃弗雷特詮釋是對是錯。

答：可惜是這樣。根據現在的技術水平，我們可能要過很久才能建造出那樣的電腦。我說很久，並不是說幾百萬年，而是幾十年。

訪：哇，在可預見的未來，竟存在著實際檢測這些想法的前景，這真是激動人心。但為什麼埃弗雷特沒有看到這種可能性呢？

答：那個嘛，我從沒想過。原因之一或許是他對量子論有**另外的**想法，即他認為量子論的詮釋應該緊隨量子論的直接來自其表述形式，那就是說，如果你寫出量子論的數學規則，那麼，他認為應當只有一種方法來詮釋這些規則。這是一個極強的假設。如果這個假設成立的話，那量子論將成為有史以來第一個帶有這種特

殊屬性的物理理論。他希望這一假設成立，所以，我想他把主要注意力都放到了他的理論預言與其對手們的預言之間的相似性上，以此凸顯這樣的事實，即敵對的常規詮釋需要額外的形而上學的行頭，而他的詮釋則不需要。所以他說：「我採用純粹的表述形式，沒有附加任何東西，並得到了我的詮釋。相反，他們（常規詮釋的支持者）則不得不附加所有這些與意識有關的東西等等。」現在，我覺得埃弗雷特說得有點不對。我認為即使在他的詮釋中，為了達到這一詮釋，我們也需要一點額外的結構。但這不多，比常規詮釋少多了。

訪：你能簡單地概括一下這點額外結構是什麼嗎？

答：可以。這就是一點點數學，它把波函數或態向量——描述宇宙的數學實體——與平行多宇宙概念聯繫起來。我認為沒有這點額外結構，我們就會無能為力。但我完全同意埃弗雷特的下列說法，即對純工具式的量子論來說，他的詮釋所附加的東西已是**簡單至極**。

訪：我不知道是否正確地理解了這一點。你是說為了說明

任何單個宇宙如何與其他宇宙井然共存，埃弗雷特額外的假設是必不可少的？

答：是這樣，沒錯。

訪：你已經說明了多宇宙理論相對於常規的哥本哈根詮釋所具有的優點。你認為與其他競爭的詮釋相比，它有什麼優點？

答：你瞧，在細節上，那些詮釋本身也各不相同。我想你指的主要是隱變數詮釋，是不是？

訪：對，或者是指其最新的變體，即所謂的「量子勢」（quantum potential）。

答：對量子勢的一個異議是，僅僅是為了詮釋的目的，它把一個被認為屬於物理實在的額外結構（這種額外結構遠比原先的物理理論複雜）附加給量子表述形式。我認為這樣處理物理學是十分危險的。引入這些結構，只是為了解決詮釋問題，別無其他物理學上的動因。在我作為一個物理學家看來，出於這種理由而提出的理論，其正確的可能性是極其渺茫的。

訪：但你引入多宇宙概念，不正也是為了解決詮釋問題

嗎？

答：這個嘛，首先，我們無可避免地要擁有一種詮釋；其次，如果有更簡單的詮釋性假設，我會很高興地放棄多宇宙概念。但實際情況是，以基本的物理學定律來衡量，多宇宙假設已是非常簡單，以至於如我前面說過的埃弗雷特、德威特（De Witt）和其他人都誤認為它根本就沒有任何額外結構。它實際上是迄今為止人們想出的對量子表述形式最自然的詮釋。相反，隱變數理論則複雜至極。原因之一是：我們從貝爾定理和阿斯佩克特實驗得知，隱變數理論的最簡單形式根本不能模擬量子論效應。

訪：所以，我們需要有某種**非定域**隱變數理論，這就是玻姆和海利（Hiley）正在從事的工作。

答：用通俗的語言說，非定域隱變數理論意指：不需穿越空間，在不同時空點發生的事件就可以相互影響。

訪：不需通過空間？或者乾脆說是即時傳遞的？這兩者是同一回事，是嗎？

答：是的。以相對論的觀點來看，即時傳遞意味著它們不

可能通過中間的時空，因為如果不是這樣，則對它們的描述就會與相對論矛盾。

訪：他們並不否認這一點。當然，他們說，僅僅是這種**描述**與相對論有矛盾，而當實際進行測量時，所有測量結果都是與相對論一致的。似乎與相對論精神相矛盾的，只是這種描述而已。

答：是的，這是在你徹底退卻到認為量子論僅僅是一種工具的境地時的一種防衛性說法。而且，如果量子論只不過是一種工具，那麼，各種隱變數理論也就失去了它們的優點，因為，正像埃弗雷特詮釋一樣，隱變數理論也持客觀實在性觀點。

訪：但是你注意，多宇宙詮釋與這些非定域（或稱超光速）詮釋有一個共同特點，就是它們都試圖保留某些客觀實在性的印跡。根據貝爾不等式以及阿斯佩克特實驗，我們不得不對下列兩種情況做一選擇，即要不就接受超光速信號傳遞，要不就拋棄客觀實在性。現在，在我看來，被迫拋棄客觀實在性似乎也並不那麼可怕。為什麼我們非要堅持外部宇宙獨立於我們的

觀察呢？毫無疑問，我們自己在實在中扮演了一個角色，這並不值得大驚小怪，因為我們對於自身似乎是很重要，不是嗎？至少根據我的經驗，我對我們在實在中扮演著一個角色毫不驚訝。所以，如果這意味著引入諸如超光速傳訊或其他宇宙之類複雜的東西，人們何必還死抱著某種客觀實在性的印跡呢？

答：阿斯佩克特實驗迫使我們重新審視我們的實在觀，這一點我是同意的。我堅持客觀實在性這一觀點，與我們熟悉這個觀點與否無關。其理由與我前面說過的不願將物理學理論僅僅看作是一種工具的理由是一致的。首先，如果我們**能夠**擁有一種理論，其中包含了客觀實在性，那麼，這個理論就具有哲學上的優越性。因此，我們在拋棄實在性觀點之前，至少應該努力去尋找這種理論。其次，出於科學的觀點，尤其從物理的觀點，我相信向一個理論的工具主義詮釋的轉變，將使我們難以獲得下一個理論，因為後繼理論必然是從我們現有理論的本體論向前邁出的一步。後繼理論很可能因此變得更難以駕馭，它告訴我們的宇宙

甚至會比埃弗雷特所說的**更奇特**。如果我們拋棄實在性觀點，那麼，我們就自我剝奪了我們賴以建構宇宙的概念模型的機制。只有通過修改我們現有的概念模型，才能發現新的理論。

訪：我並沒有說要拋棄實在性，而是說拋棄獨立於我們之外的實在性。這意味著未來的模型將不得不在基礎層次上把觀察者整合進去。

答：是的，原則上我不反對這一點，但我不信量子論會將我們驅趕到那種境地。也許我應該再強調一遍，量子論的常規詮釋雖然試圖在構築實在中賦予觀察者特殊的地位，但實際上也並沒有做到。他們只是宣稱，總有一天他們會做到。

訪：那當然，而且如果在宇宙之外沒有觀察者，他們就不能應付量子宇宙學。

答：是的。如果心靈不遵從量子論，也許有一天，有人能寫出它確切遵從的物理學定律。或許那種新的物理學理論（它絕不會是量子論，而是一種全新的物理學理論）可與量子論進行比較。

訪：也許如此，但現在還沒人寫出來！

答：沒有，在談到常規詮釋的可能的優點時 —— 即它賦予
　　觀察者基本的地位，不知道這是不是在哲學上讓你著
　　迷，你忽略了事實上它也並沒有做到這一點。它只做
　　了這樣的斷言，給了一個許諾。如今五十多年過去
　　了，仍未兌現。而埃弗雷特詮釋則沒有問題，它沒有
　　做出許諾卻工作得很好。

# 第七章

# 約翰・泰勒

約翰・泰勒（John G. Taylor），倫敦大學國王學院數學教授，是多本專著和普及讀物的作者。他的主要研究領域是量子重力，同時，對腦物理學也有興趣。在本次採訪中，他對量子力學中較怪異概念採取了一種精明而講究實際的態度，並堅定地選擇統計詮釋。

訪：什麼是系統（或統計）詮釋？

答：這是一個與其名稱相符的概念，按照系統詮釋（ensemble），當我們對系統中任一可觀察量進行測量時，實際上等於對各相同系統的集合或**系統**進行測

量。所以我們需要做一系列測量，而每次都是對一模一樣的實驗裝置來進行的。因此，我們的結果反映的是該項測量各個具體值的機率分布。

訪：所以，你只考查統計結果，而不管任何單個事件，對嗎？

答：對。如果現在我引用愛因斯坦的話，那我們就會發現，實際上他最終也滿足於這種系統詮釋。這確實讓人感到驚訝。他在反駁對他的批評時曾寫道：「如果人們試圖堅持這樣的觀點，即統計量子理論原則上能對單個系統做出完全的描述，那我們就會得出令人難以置信的理論概念；反之，如果人們把量子力學看成是對系統的系統描述，那理論詮釋中的這些困難就消失了。」所以愛因斯坦事實上是那種我認為被大多數物理學家當作是量子力學測量的自然詮釋的先驅之一。量子力學測量的自然詮釋就是：我們對許多全同的系統進行大量的測量，並取具體測量值的頻率作為這些值的機率分布。

訪：所以，你根本就不打算對單個系統進行描述，是嗎？

答：我們無法那樣做。只要我們看一看各種詭論，我們就
　　會十分清楚這一點。如果我們考查一下愛因斯坦 ——
　　波多爾斯基 —— 羅森實驗（它實際上是阿斯佩克特實
　　驗的基礎），我們就會發現那裡顯然有一個詭論，因
　　為我們假設（比如說）對一個特定粒子的自旋所做的
　　測量，同時也能測量出一個其性質按量子力學概念與
　　該粒子相關聯的遠方粒子的自旋。例如，如果我們發
　　現附近粒子有一個向上的自旋，那麼，據此，我們可
　　以推斷出遠處粒子（如果它們相關聯的話）必定具有
　　向下的自旋。如果你確信你測量的是單個系統，那詭
　　論就產生了，因為你似乎真能影響遠處的粒子，彷彿
　　只要你對附近粒子做一次測量，便能以某種方式決定
　　遠處粒子的自旋。

　　　　然而，系統詮釋告訴我們，我們考查的是這些系
　　統的全體系統。系統內有百分之五十的系統可以有
　　（當我們測量它們時）向上自旋的附近粒子和向下自
　　旋的遠處粒子；而另外百分之五十的系統則有相反的
　　自旋。但在具體情況下，我們不能說遠處粒子的自旋

是由對附近粒子的測量決定的。因為我們不知道該粒子的自旋；我們僅知道這類情態的各種系統。

訪：我想追問一下，在系統詮釋中，人們是否仍然認為單個系統實際上具有完全確定的性質？例如，在任一給定的時刻，一個電子是否具有確定的位置和確定的動量，只是我們測不出它們？

答：回答是否定的，電子不可能同時具備這兩種屬性。根據測不準原理，我們所能測量的只是對一個系統位置和速度（或動量）測量所得的瀰散值（dispersion）下界。我們不可能測出一個特定電子的這些物理量。人們從不考慮單個電子的這些物理量。事實上無從考慮。我認為我們從阿斯佩克特實驗中不得不接受這一點。

訪：但是，如果在我們進行一次測量前，電子或原子並不具有這些性質，那是否意味著觀察者必定以某種基本的方式被扯進來？因為在我們做了適當的測量之後，這些粒子肯定具有確定的性質；而且，我們顯然可以選擇做哪一種測量——位置測量或動量測量。

答：是的，但我們是通過建立系統來進行測量的。系統是一組與我們測量的特定情形的全同拷貝所組成。

訪：但我們也可以不這樣做。我們可以選擇考查一個電子，比如測量它的位置，並找到一個位置，而這是相當令人滿意的。但是如果我們爭辯說，在我們測量它之前，它並不具有確定的位置，那測量本身不就起了關鍵性的作用了嗎？

答：人們必須非常仔細地區分測量與準備。有些物理學家曾十分小心地考慮過這個問題。

訪：你能簡略地向我們介紹一下這兩者的區別嗎？

答：可以。在你準備一個系統態時，你知道它**將來**會具有與這種準備全同的性質。而如果你做一次測量，那你所收集到的是**測量前**的訊息。這兩者有嚴格的區別。我覺得你必須非常小心，不要掉入測量過程總是等同於準備過程的陷阱。一旦你準備好了一個系統，那你就能開始對你所準備的「態系統（ensemble of states）」進行考查。例如，你可以選擇測量一組電子的位置，也可以選擇測量它們的動量。但是，這兩種

測量的瀰散值之間的關係受測不準原理的支配。如果你準備的是處於特定位置的電子，那你知道，由它在系統中的瀰散值中，電子就不可能有確定的動量。事情的本質就是如此。

訪：所以，你並不認為，如果我們準備了一個使電子位於一定位置的量子態，電子上實際上還有一個確定的動量，只是我們無法測定它而已。

答：是的。我們應該說，這個電子的動量具有各種可能的值。換言之，動量根本無法確定。

訪：是這樣。但是，這又把我帶回到了這樣的感覺之中，即這個電子的動量原先不確定，而當有人做了一次測量之後，它卻有了確定的動量，似乎在此系統從模糊的不確定狀態到具體實在的轉變中，測量本身起了絕對關鍵的作用。

答：啊，可是，如果你想在給定的動量態中考查這個電子，那你就又重新準備了系統。

訪：但是，如果你先使電子位於確定的位置，然後決定測量其動量，你當然會得到一個具體的值，儘管這個值

無法預測。

答：啊，可是，你再一次讓人感到你是在考查單個電子。

訪：但實際上，我們能夠做到這一點；我們能決定對單個
　　電子進行測量。

答：是的，那樣的話，你會知道，如果你試圖測量它的動
　　量，那會有一個無限大的可能性區域。當然，對系統
　　中的一個特定情況會有一個特定的值。

訪：這看上去好像是觀察者正在介入。

答：當然。但你很清楚，在你使電子位於一個特定位置
　　時，你所做的準備給了你一個其動量是完全不確定的
　　系統。如果現在你想考查一下動量，你會得到一個具
　　體的值，但那個值對量子力學毫無意義。這實際上等
　　同於你正在準備另一個系統（如果你做許多次這樣的
　　測量的話）。如果你想再從頭開始，說你要考查那些
　　具有給定動量的所有電子，而這時，這些電子又失去
　　了確定的位置。

訪：因此，在此方案中，在你測量電子的動量時，電子的
　　波函數並沒有縮併到一個具體的動量上。

答：沒有。你是在建立一個新的系統。你不能在一個特定
　　位置取一個具體的電子，說你正在測量它的動量，因
　　為那是無意義的，也是不允許的。

訪：如果你完全放棄對單個系統進行描述的努力，那不是
　　有點退縮逃避嗎？

答：我覺得你應該想一想，退縮逃避與深陷泥潭哪個稍好
　　些。就所涉及到的愛因斯坦 —— 波多爾斯基 —— 羅森
　　詭論而言，不避重就輕就會使你陷入深大的麻煩之
　　中。對薛丁格貓詭論來說，情況同樣如此。後者也是
　　一個思想實驗的產物。

　　　　在任何一種試圖描述單個系統的量子力學詮釋
　　中，**包含**貓的系統的波函數都必然表明，在過了約
　　一個放射性衰變的半生期時間後，貓活著或死去的機
　　率是相等的。這意味著量子力學態是由一半時間活著
　　的貓和另一半時間死去的貓組成的。換句話說，貓本
　　身也不知道它是死是活。這是絕對荒謬的！而如果你
　　採用系統詮釋，則在百分之五十情況中貓是活的，在
　　百分之五十的情況中貓是死的。這種表述是十分合理

的。

訪：這麼說，如果我們取一個單個事例，問貓是死還是活，那麼回答（你的答案）是沒有答案。是這樣嗎？

答：答案應該是這樣的：根據量子力學，實際上對任意的特定情況不可能說出貓是死是活。這是一個無意義的問題。我們只能說牠的死活機會都是百分之五十。我認為我們必須接受這一特點。如果現在我們要去考慮阿斯佩克特實驗結果的話，就更應如此。因為我們看到，量子力學與該實驗結果相符，而其他詮釋都不令人滿意。不過，非定域性詮釋（如玻姆和海利的詮釋）也許是個例外，但你要格外小心，因為那種詮釋引入了許多新特徵。

　　如果你尋找既與阿斯佩克特實驗相符，又能取代量子論的方案，那麼，這些替代方案必須像我們超越量子力學到達所謂的量子場論（quantum field theory）時那般成功。量子場論是一個新的百寶箱，它在說明我們在自然界觀察到的事物方面，取得了各層次的成功，其精確度至少達到了百萬分之一。用其

他方法來取得這一系列的成就，幾乎是無法想像的。

例如，你可以想一想量子電動力學（quantum electrodynamics）的情況。二十世紀四〇年代末和五〇年代初，它的重要成就之一是解釋了氫原子中何以含有微小的能階位移，而對這種現象普通量子力學是無法解釋的。這些能階位移只能用涉及虛光子、虛電子和虛正子的「虛」過程來解釋。所謂「虛」，意指在我們的現實世界中並不存在，因為我們不能直接觀察到這些虛粒子。然而，量子場論卻能非常精確地預言這些虛過程的效應，而且其結果與觀察到的能階位移十分吻合，精度至少達到百萬分之一。我不相信你用不同於量子力學的其他方案也能獲得這一成果。

循著這一思路，現在讓我們把話題轉到近來發現的 W 和 Z 粒子*（即中間向量玻色子）。一個將電磁現象與放射性（有關的弱作用）統一起來的理論曾預言存在這些粒子，這個理論是量子場論的直接產物。

---

＊審訂注：此二粒子於一九八三年發現。

在對量子場論內涵的審視中，我們得出了存在這些粒子的結論，並算出了它們的質量。所有這一切，現已被歐洲核子研究中心的高能粒子實驗所證實。要說用量子力學的任何替代方案也能做到這一點，我認為那無異於幻想。

由此，我認為存在著一些更基本的問題。那不是精度（達百萬分之一這樣的）問題，而是原則問題。例如，古典力學無法描述粒子的湮滅和產生，而我們在粒子加速器中卻時刻都觀察到這些現象。到底怎樣用古典術語來描述它呢？即使有再多的非定域量子勢之類的東西，你還是說明不了物質怎麼會創生，又怎麼會湮滅。

訪：你是說，作為量子力學更縝密更精妙的發展形式，量子場論對現代粒子物理學的廣大領域給出了一個非常令人滿意的描述。如果我們不維持量子力學的傳統觀念，它就會崩潰。你是這個意思嗎？

答：是的，我是說任何以確定但不可控制或隱蔽的量去替代不確定的量子力學觀察量的企圖，最後都注定要失

敗的。我知道有些物理學家，他們傾其一生，試圖以古典方法來取得量子場論取得的驚人成就。有幾個人浮上我心頭，但他們最終都勞而無功。而且隨著量子場論所取得的成就擴大，他們的失敗就愈來愈慘重。與此同時，我們看到，我們的那些同行，由於在量子場論，尤其是統一自然力方面所取得的進展，他們贏得了諾貝爾獎。這幾乎是唯一的研究途徑，我很難想像還有什麼其他途徑。

通過上述闡述，人們可以得出結論：阿斯佩克特實驗是不必要的，因為量子力學的正確性早已為迄今我們運用該理論所取得的巨大成功所確證。如果你用以量子場論為基礎的所謂色散關係（dispersion relation）去理解我們已獲得的定域性概念，那你同樣也會得出阿斯佩克特實驗是不必要的結論的。高能散射實驗已經證明，在光子內部幾十億分之一厘米的距離內，定域性仍然存在。實在無法想像定域性是不成立的。

訪：這麼說，阿斯佩克特實驗的結果並沒有使您感到驚

訝？

答：從某種意義上說，沒有。當然，它原本可能令人感到驚訝，但我想起了愛因斯坦，他說過，上帝是神祕的，但並無惡意。

訪：讓我們再回到薛丁格貓詭論中去。我想問你，在系統詮釋中，貓事實上不是死就是活，只是我們無從得知。對一單獨事例來說，即使我們永不可能知道答案，那我們該不該考慮貓的死活？

答：這個問題嘛，我們總會有辦法記錄下答案的。貓本身也知道自己是死是活。我曾想過，避免這樣的詭論的唯一方法是說該理論不允許我們在一單獨事例中找出答案。我想，這又涉及到了意識的本質問題，意識對量子力學的測量過程很重要嗎？我想有許多物理學家聲稱意識是測量過程中至關重要的特徵。

訪：是這樣。你相信觀察者以一種基本方式涉入了測量過程嗎？

答：不相信，因為我覺得，我們也完全可以用機器、照相機、攝影機以及現在在這裡為這個特別節目運轉的記

錄設備進行觀察！我一點也看不出這與意識有何相干。

我想這個問題也許把我們帶到了另一個問題上，即為了說明超感知覺，為了說明與「通靈人」尤里·蓋勒（Uri Geller）有關的種種現象以及湯匙彎曲、通靈術、先知先覺，以及為了說明那些當然令大眾深感興趣的超自然現象（例如，從吾人死後靈魂不滅的觀點看，自然是極吸引人的），人們是如何濫用量子力學的。所有這些都與意識是否在基本物理現象中具有作用這個問題有關。如果意識很重要，那麼也許我們可以用心靈去控制精巧的物理過程，從而說明念力移物（psychokinesis）、湯匙彎曲和其他特異現象何以出現。如果意識與基本物理現象無關，那麼，這種可能的聯繫就被切斷了。

凱斯勒（Arthur Koestler）在其著作《巧合的根源》（*The Roots of Coincidence, Hutchinson*, London, 1972）中聲稱，由於量子力學似乎具有與愛因斯坦 ── 波多爾斯基 ── 羅森實驗和薛丁格貓詭論相關的這些奇異

特徵，所以，其他異常的現象也有可能在世界上發生。我認為這種論調似是而非，危險至極。

訪：一種想當然爾？

答：是的。但是，如我前面所說，由於我們已在高能物理領域取得了引人矚目的成就，幾乎沒有任何證據說存在任何特異現象。要知道，高能物理研究可是非常精確和嚴密的。此外，我還想說，對超感知覺，目前也根本就沒有堅實的證據。

訪：有許多人對現代的量子論似乎與古代的東方神祕主義息息相通留有深刻印象。如果完全撇開超自然現象，你認為神祕主義思想對現代物理學有任何價值嗎？

答：毫無價值。事實上，我對這些發展深感震驚。我覺得在東方神祕主義中，存在著太多模糊不清的思想。不管現代科學怎樣發展，神祕主義者都能說：「啊哈，我早就告訴過你是這麼回事！」這很像有些人對聖經微言大義的發掘。他們從聖經中找出一些詞句，然後說：「瞧，這裡包含了喬伊斯（James Joyce）的全部作品！」這是絕對荒謬可笑的事。現代理論物理學的

精細程度遠遠超出了東方神祕主義留傳下來的任何東西。只有當這些神祕主義思想被當作是通向現代物理學的門檻時，它們才可能是有價值的，僅當被用作能替真實事物帶來更大精確度的踏腳石時，才是有價值的。

訪：說得妙極了。你剛才說，你看不出意識與量子論有什麼相干。但在量子力學的許多其他詮釋中，意識都起了基本的作用，魏格納的詮釋就是一例。此外，還有諸如多宇宙詮釋之類的其他詮釋。現在，阿斯佩克特實驗實際上並沒有排除這些詮釋，因為它們都純粹是詮釋，因而與量子論所有已知結果是一致的。而且，這些詮釋還試圖說明單個事例的情況。換言之，這些詮釋似乎超越了系統詮釋所能做的，向人們提供了系統更完全的資訊，並制服了那些詭論。對此，你有何看法？

答：啊，如果這些詮釋真的令人滿意地解決了那些詭論，我將不勝欣慰。但我不認為那是事實。我之所以對意識詮釋深表懷疑，主要是因為它將把你扯入無限迴歸

之中。同時，我也想不通意識何以會如此特別，因為它所需要的也不過就是神經細胞的組合。實際上，意識涉及到極多的神經細胞，所以，我們很難相信量子效應（它們在相當微小的物體中產生不確定性）在其中還有什麼意義。

　　說到多宇宙詮釋，我總不滿意它對各種詭論（如EPR詭論和薛丁格貓詭論）的迴避。至少與隱變數或不可控制的變量有關的各種詮釋，我想說，它們甚至連量子場論都無法演化出來。

訪：可是，我認為，多宇宙詮釋的支持者可以這樣反駁說，諸如薛丁格貓詭論那樣的詭論實際上是容易解決的，因為在任一單獨事例中，如果你問貓是死是活，答案是既死又活，即在一個宇宙中貓是活的，而在另一個宇宙中貓是死的。這似乎是完全令人滿意的解釋。而在系統詮釋中，答案是……啊，我們無從回答。

答：恐怕我並不覺得它令人滿意。我必須坦率地承認，我發覺多宇宙詮釋非常怪異。噢，對不起，我是一個頑

固不化的物理學家。既然沒人知道其他宇宙是怎麼回事，那它們就不應該被引入物理學。

訪：當然，多宇宙詮釋確有其他的優點，它也許能使整個宇宙的量子力學概念 —— 量子宇宙學 —— 變得有意義。至於系統詮釋，它不會給你出難題嗎？由於它說我們只有一個宇宙，我們又怎麼談論整個宇宙的量子力學呢？

答：是的，我想那是一個問題，但如果我們有一個無限延伸（即在空間上為無限）的宇宙，那麼，這就是一個可以正視的問題。因為那樣的話，我們僅能設想做有局域化的測量。但在一個無限廣大的宇宙中，我們不可能測量它的全部，我們只能在實驗室有限的範圍內進行測量。指望我們能有一個波函數以描述無限多宇宙的系統，我認為那真是奢求。我們的理解力還未達到那一步。

訪：這麼說，量子宇宙學不就沒什麼好講了嗎？

答：不，我沒那麼說，因為我們可以有描述整個宇宙的波函數，但我們僅能測量宇宙的一小部分，所以，我們

的系統詮釋仍可以是有效的，條件是要有一個無限廣大的宇宙。如果宇宙大小有限，則我們就可能遇到麻煩。因為那樣的話，我們就可以設想有一個包羅整個宇宙的實驗室。實際上，如果我們觀察發現，遠處星系離我們而去的速度在減慢，則宇宙將重新開始收縮（因此它是有限的），這樣，量子力學的系統詮釋就會遇到麻煩。而多宇宙詮釋的困難在於，它引入了這麼多我們永遠也發現不了的額外東西。你永遠也不可能進入那些其他宇宙。

訪：當然，多宇宙詮釋的支持者可以再一次爭辯說，儘管眾多宇宙糾合在一起可能顯得結構龐雜且笨拙，但這個理論的知識論是極其雅致和簡練的，因為我們無需做許多假設。

答：但它的假設怪異至極，以致我根本不認為它簡練。我還要重申，除非你能實際觀察到那些其他宇宙中的任何事物，否則就不該將它們引入物理學。你知道，在系統詮釋中，人們說我們僅能獲得有限的資訊；而在多宇宙詮釋中，人們說存在我們根本無法得到的過量

資訊，因為大部分的資訊 —— 實際上是無限多的資訊
　　 —— 存在於其他宇宙之中。

訪：你的意思是說，這兩種詮釋都丟棄了資訊。在系統詮
　　釋中，我們乾脆說我們不能回答有關單個系統的問
　　題；而在多宇宙詮釋中，我們則說我們不能回答關於
　　其他宇宙的問題。是這樣嗎？

答：是的，是這樣。與其有很多永遠也發現不了的資
　　訊，我寧願要少一點的資訊。我甚至不想把那些
　　發現不了的資訊稱為資訊，我寧願稱其為「幻覺」
　　（hallucination）！

# 第八章

# 大衛・玻姆

　　大衛・玻姆，退休前為倫敦大學伯克貝克
（Birkbeck）學院理論物理學教授。三十年
來，他一直是世界公認的量子力學權威。
他以現代形式重新表述了 EPR 實驗。在他
整個研究生涯中，他始終是隱變數學派的主
將，並以眾多著述闡述了該理論的細節。最
近，他與海利合作，在「量子勢」概念基礎
上建立了量子力學的非定域理論。玻姆還以
對現代物理學做哲學思考而著稱。


訪：能否請你說說你的詮釋與量子力學的哥本哈根詮釋有
　　何不同？我想，我們可以把後者稱為正統觀點。

答：實際上並沒有十分明確的正統觀點。我覺得應該說有幾種變體，它們的共同之處是都認為量子力學不能描述「實際情形」，即無法描述自參照過程（self-referent process）。你知道，如果我們說「實際發生」了某事，但量子力學僅能對在測量裝置中能觀察到的事物進行描述。

訪：難道我們從理論中希望得到的不就是我們能觀察或測量的東西嗎？

答：如果你預設那就是你需要的全部東西，那麼回答就是肯定的。但這種觀點有一個困難。哥本哈根詮釋僅給出了一個公式，它能對在一套裝置中可觀察到某東西的機率進行描述，但這個裝置本身也是與我們的研究對象（即服從於量子效應的粒子）完全類同的東西組成的。

訪：是原子嗎？

答：是原子。因此，如果你想討論裝置的存在狀態，從原則上說，你應該用另一套裝置去考查它。依此類推。

訪：這就是著名的無限迴歸（infinite regress）嗎？

答：是的。現在魏格納以一種方法終止了這種迴歸。他認為當有人意識到某個現象是「真實情況」時，這一迴歸便終止。

訪：你對這個獨特的解釋有何感想？

答：這是考察事物的一種方法。我感到在有的情況中，尤其是在人類關係中，這一解釋是成立的，因為人們現在愈來愈意識到彼此之間有著巨大的影響。但我並不認為對實驗室中物理學家正在研究的實驗情形，這一解釋也成立。我覺得，在這個層次上，宇宙是獨立存在的，而我們則是它的一部分。

訪：你認為就某種意義而言，外部世界是獨立於我們和我們的觀察而存在的嗎？

答：實際上每一位物理學家都這麼看。例如，他們經常談論在有人（也許上帝除外）對它考查之前，宇宙就已經在演化著了。但現在的問題是，除非你效法柏克萊主教（Bishop Berkeley），把宇宙歸因於上帝（絕大多數物理學家並不想這麼幹），否則，你就無法解答這樣的難題，即如果沒有物理學家或其他人對它進行

考查，宇宙又如何存在呢？

訪：據我所知，愛因斯坦和玻耳之爭的焦點在於，愛因斯坦堅持認為，我們的觀察只是揭示已經存在的實在；而玻耳則認為，我們的觀察實際上創造實在。所以，你更接近愛因斯坦的立場，是嗎？

答：恐怕不能這麼說，因為玻耳實際上並沒有說過那樣的話。他說過，我們只是與現象、表象和現象中的規律性東西打交道，僅此而已。他還表達過這樣的思想，即在本質上實在是含糊不清和不明確的。

訪：但你會發現你的觀點與愛因斯坦的觀點很接近，即認為我們的觀察揭示出的是在某種意義上已經存在的實在。我說得對嗎？

答：啊，我使自己夾在愛因斯坦與玻耳之間了。我認為，我們的觀察在某種領域確實創造實在；如在人類關係中，一旦人們意識到彼此的存在並相互溝通時，他們就創造了社會實在。但我想，整個宇宙並不依賴於我們那樣做。

訪：我似乎覺得，採用這種觀點，你就將心靈完全從宇宙

中摒棄了。

答：不，我認為心靈是實在的，心靈可以是非常實在的。我強調過，在人與人之間，心靈有明顯的作用，它可影響人體，它可影響人類關係，它可影響社會。

訪：但它並不影響原子，是嗎？

答：我不認為它對原子有明顯的影響。至少人類心靈對原子沒有影響。也許你可以持柏克萊主教的觀點，即上帝的心靈創造了世間萬物。如果這樣，我們總不能把自己比作上帝！

訪：你在你的著作《整體性與隱含秩序》（*Wholeness and the Implicate Order*）中談到，這種整體性包括了心靈和物質（存在於我們周圍的物質）這兩方面。你能解釋一下這種整體觀是如何將心靈和物質整合在一起的嗎？

答：啊，你提到了隱含秩序。或許我們可以先談談笛卡兒，他對心靈和物質做過區分。他說，存在著我們稱之為心靈的思維物質（thinking substance）和我們稱之為物質的擴展物質（extend substance）。但它們的

差異大到使我們很難理解它們怎麼可能互相關連。你知道，我們的思維沒有實際的擴展性。

訪：是的。例如，你不可能找到思維定域的空間。

答：對。所以笛卡兒認為，上帝將清晰的思想安置在人類的心靈中。上帝之所以有此能力，是因為他是心靈和物質（人體及其他東西）的創造者，所以他能將思想置於人的心靈中，從而使人能理解擴展物質。如今，隨著借助上帝來說明事物的觀念被人遺棄，笛卡兒的思想也被人忘卻了，心靈和物質變得毫無聯繫。然而，隱含秩序——內隱的次序——表明，人們可以一種相近的方法考查心靈和物質。量子力學可以將心靈和物質都看作具有內隱的特性（the enfolded order）。

訪：我能要求你解釋一下你所謂的隱含秩序或內隱的次序是什麼意思嗎？你能舉一個簡單的例子嗎？

答：可以。有一個再簡單不過的例子。假如你將一張紙摺疊起來，在上面畫一個圖案，然後再將紙展開，這時你就會得到各種新的圖案。在紙摺疊時，圖案是暗含

的（實際上，在拉丁語中，「暗含的」一詞即指「內隱的」），所以，我們可以說圖案隱在紙內。現在，量子力學認為，這就是表觀實在從將其隱藏在內的更深的次序中浮現出來的一種方法。實在可以展開，產生顯序；實在也可以重新隱入。實在以如此快的速率不斷展開和隱入，所以看上去它是穩定的。現在，你可能會說我認為思想和感情以及心靈也以類似的方式運作。我們常說思想是含蓄的，實際上，這一說法本身就帶有說一個思想中包藏有其他思想的意思。是不是這樣？

訪：是的。可是內隱在何物中？我們的思想內隱在什麼中呢？

答：我要暫時迴避一下這個問題。我想說明一下心靈和物質在形式上的相似性。這是笛卡兒所未曾做過的。他傾向於認為思想是內隱的，而物質是擴展的。但是，我說這兩者都是內隱的和都是擴展的。雖然在其他許多方面，它們可能很不同，但它們的基本結構卻很相似。它們在基本結構上的相似性使我們能夠理解彼此

相關的可能性。

訪：你的說法，聽起來頗像東方哲學。也許禪宗信徒會覺得這些想法非常熟悉。你是否意識到你在這方面的想法呼應了東方神祕主義？

答：也許吧。不過，我覺得這種內隱概念在西方也是存在的。你瞧，庫薩的尼科勞斯（Nicholas of Cusa）在幾世紀前就有過類似的思想。他有三個詞：implicatio（內隱的）、explicatio（展開的）、complicatio（全隱含在一起的）。他說實在就具有這種內隱的結構，即光陰既內隱在永恆之中，又在永恆中展開。我認為我們不應該把事物簡單地分為東方的或西方的，而應注重這些思想本身的優點。我覺得量子力學非常傾向於認可這種隱含秩序。如果你也像我一樣，以那種方式考查量子力學，那你就會理解量子力學的某些奇異特性。

訪：你能說明一下為什麼嗎？是量子力學中的哪個關鍵特徵使你相信了隱含秩序思想？

答：是波動－粒子二元性：你可以說某種東西既能展開

為波動性實體，也能展開為粒子性實體。量子力學的數學（如果你仔細考查它的話）就對應於這種內隱結構。你看，它與全像圖（hologram）的數學非常相似。

訪：我正想說全像圖似乎是隱含秩序概念的非常好的例子。

答：是的，它確實是最好的例子之一。從中，我們可以看到圖案內隱在照相底片中，當被光照射後，它又展開成可見的圖像。全像底片上的每一部分都包含了整體的訊息。所以說，整體可由任一部分展開而成。

訪：所以，你認為在原子世界中，一個特定物理系統的所有訊息都以某種方式在某處被編碼出來，但這種編碼的方式極其隱晦，通常我們無法理解。我說得對嗎？

答：對。如果我們以通常的方法考查它，它必然是隱晦的，因為我覺得如果我們在大尺度上進行考查，所有的訊息編碼（如 DNA 的編碼）都是非常隱晦的。

訪：如以粒子的位置和動量這一著名的情況為例，則情況就是：根據海森堡測不準原理，我們只能確定其中的

一個，而不能同時確定這兩者。

答：對，我們只能以二中取一的方式編碼這兩種性質。

訪：你的意思是說，在實在中這兩種性質都有確定的意義和確定的值，只是由於某些原因，我們在實驗中只能測得其中的一種？

答：不，那不確切。你看，我們可以另舉種子的例子來說明顯序。如果你取一粒種子（其中包含有各種訊息），把它埋進土裡，則接下來植物體就會從空氣、水、土壤和太陽能中發展出來。植物體中的物質的運動規律本來沒什麼特別，但由於這粒小小的訊息種子，它們開始變成一棵樹，而不是其他東西。然後，這棵樹又能產生可演化出其他樹的種子。如此不斷遞沿下去。然而，你肯定不能說樹存在於種子中。樹的生長（它在形狀和體積上的變化）不僅取決於種子，而且取決於整個環境。如果你到森林裡去，你會看到林木在不停地生長、死亡，被新樹取代。如果你每百年去一次森林，你會發現樹林明顯挪動了地方。事實上，它們是在不斷展開和內隱。這就是我給出的在最

基本的水平上物質運動的圖像。我想說，生命、心靈和無生命物質都有這種相似的結構。

訪：據我所知，沒有哪個已知的實驗不能很好地被量子力學解釋。這一點你不同意嗎？

答：不同意。這種說法並未面對一個問題。如果物理學的唯一目的就是解釋實驗，那我認為，物理學就不會像現在這樣引人入勝了。我的意思是說，我們解釋實驗的目的是什麼？是為解釋而解釋呢，還是別有所圖？

訪：恕我冒昧，我認為物理學關心的是製作模型，我們製作周遭世界的種種模型，以便將各種觀察聯繫起來。我們有好的模型，也有不好的模型，但並不存在與我們的模型近似的所謂「外在真實世界」。既然我們所能做的就是觀察，那我們還能要求物理學提供給我們其他什麼呢？

答：我認為，觀察和實驗都受我們的思維方式指導。我們所提的問題也是由我們的思維方式決定的。千百年來，人們都沒有向自己提過與正確的問題。而在量子論中，我們提出了某一類問題，並正在得到某一類解

答。你知道，如果我們局限於那種思維方式，我們就會將自己推入陷阱。

訪：因此，你認為，如果我們以新的思維方式（研究方法）對待微觀物理學，或許我們能夠設立一組完全不同的問題，並可能由此產生一種全新的理論，是嗎？

答：是的。這種情況在歷史上已出現過多次。我們可以回顧一下有關行星運動的研究歷程。古老的本輪概念引導人們提出了特定的問題；接下來牛頓定律又使我們提出了完全不同的問題。統計力學產生一組問題；量子力學又產生另一組問題。如此等等。我們所提的問題主要是由理論（理論概念）決定的。

訪：但通常對於某課題的特定研究方法會被依循，直到出現某些與該體系不相符的實驗為止。

答：我想你是預先設定了這是唯一的方式。你的頭也許要被人連續敲上兩三百年才會改變想法。例如，早在五十年前，非定域性就很明顯了，但直到今天，仍只有少數物理學家相信它的存在。也許再過五十年，認為它存在的物理學家會多些。

訪：讓我們多談談非定域性。我想問問你對最近才完成的阿斯佩克特實驗有何看法。據我所知，如果接受阿斯佩克特的實驗結果，我們要麼就放棄所謂的客觀實在性（即外部世界獨立於我們的觀察而存在），要麼放棄定域性（粗略地說，即宇宙的不同區域不可能以超光速傳遞信號）。在這兩者中你打算放棄哪一種？

答：我隨時準備放棄定域性。我認為它是一個武斷的假設。我是說，在過去幾百年裡，它被過分強調了。如果你回顧一下一千年或兩千年前的情形，你會發現，那時幾乎人人都是按非定域性方式思維的。

訪：但這不會使我們陷入我們能同過去進行聯絡這樣可怕的詭論中嗎？

答：不會的。除非我們假設現有理論就是終極理論，否則，絕不會出現那樣的情況。我們應該從不同的角度提出問題，這樣就不會陷入這些詭論之中。這也是積極考慮以新的思維方式考查事物的觀點。

訪：這麼說，你打算拋棄狹義相對論？

答：我並沒有說拋棄相對論。我的意思是說相對論將成為

對廣泛得多的觀點的近似，就像牛頓力學是對相對論的一種近似一樣。

訪：但是，這樣，你必然得接受超光速傳訊這個概念。

答：是的，我的觀點確實接受了這一概念，而這並沒有與現有的任何實驗相矛盾。

訪：但你能設想有什麼新的實驗可以證明你的理論的這種非定域性嗎？

答：目前還為時過早，因為我們現在就像幾千年前德謨克利圖斯（Democritus）提出原子假說時一樣，處於一種特殊的情形之中。如果當年有人說，除非我們能以實驗證明這個假設，否則就不予考慮，那麼，這一思想早就壽終正寢了。因為在當時，不可能設計出這樣的實驗。即使有人聰明絕頂，想出了這樣的實驗，當時也沒有進行實驗所需的設備。儘管如此，德謨克利圖斯的思想仍然是有價值的。

訪：這麼說，你認為，實際上我們不僅難以檢驗這種超光速傳訊，而且也不可能輕而易舉地就想出實施這種檢驗的具體方法，是嗎？

答：我想，在你能做某些新的事情之前，你一定對某個概念做了長久的思考。假如你說：「我只在你設計出實驗方案之後才考慮新事物，否則我拒絕考慮。」那你如何提出任何新東西呢？要看清我們能做什麼實驗，常常要花費很多年。人們為了以實驗證明原子論，足足花了兩千年。對此，你怎麼看呢？你認為在實驗方案突然冒出來之前，人們都不應該重視它（原子論）嗎？如果人人都這樣想，根本就不會有這樣的實驗出現。

訪：但是，你是否覺得，通過量子效應，引入分離系統間的超光速接觸概念，總有可能向過去發送信號呢？

答：我不這樣認為。我認為按我提出的方式表述這個問題，那樣的詭論是不會出現的。僅當你說相對論是絕對真理時，那樣的詭論才會出現。

訪：這種超光速傳訊究竟是怎麼發生的？

答：要解釋這個問題，我們必須追溯一下過去。一九五一年，我提出了量子力學的另一種詮釋，一種替代詮釋。這個詮釋經歷了兩個階段：首先是用於粒子，

然後再用於場。在第一階段，我說電子在本質上是粒子，但它除了擁有所有其他勢（如電磁勢）之外，還擁有一種新的勢，當時我稱其為量子勢。

訪：大致說來，我們可以把量子勢想像為圍繞電子的某種東西嗎？

答：可以。量子勢有一些新的特點。首先，它的效應不取決於其大小，而取決於其形式。所以，在遠距離上它也可以有大效應。這樣一來我們就可以解釋，比方說，雙縫實驗。

訪：當然，雙縫實驗通常是以認為通過雙縫的兩個波發生了干涉來解釋的。

答：這不是解釋，僅僅是描述。如果你說它是波，那才是解釋；但電子是作為粒子到達的，所以不是解釋。那不過是交談時的一種比喻，對不對？這裡不存在解釋。我們應該說量子力學的常規解釋並未解釋任何東西；它只是對一定的結果給出計算公式。而我則試圖給出解釋。

訪：那麼，量子勢怎樣解釋干涉呢？

答：量子勢——它作為波被攜帶著——能影響哪怕離雙縫很遠的粒子，因為如我所說，其效應取決於其形式而非大小。第二條縫開或閉時，量子勢或波差別很大。所以，穿過縫的粒子即使離縫很遠，也會被量子勢偏移，產生出這樣的干涉圖。這從而就表現出一種新的整體性。在某些方面，雖然這種整體性與玻耳所說的整體性相似，但我的整體性給出了一種解釋。

訪：這麼說，這種波或量子勢所攜帶的部分訊息與實驗安排有關？

答：是的，還有系統中所有其他粒子的態等等。由此也就有了我所說的非定域性關聯。這種訊息引出了整體性的新性質，即在某種意義上，每一部分的運動方式都反映了整體的情況。在通常情況下，這種關聯可能很微弱；但在特定條件下（如在超導或我描述過的雙縫實驗中），它可能變得很強烈。

訪：你多年前引入的這種波，顯然與我們在談論物質的波動性時所熟悉的那種波不同，是嗎？

答：是的。這是一種新型的波，我稱其為「主動訊息」

（active information）。在電腦那裡，我們已經熟悉了主動訊息的概念。此外，如果我告訴你某件事，你接著就做某件事，那顯然就是主動訊息。如果我呼喊「著火啦」，在場的每個人都會跳起來。由此，我們得知，在生物智能體系和電腦中，主動訊息是一個有用的概念。我的意思是說，普通物質的差別並不大。

訪：我們已經熟悉了其他類型的勢，如電勢和重力勢，該怎樣把你的量子勢同那些勢相比較呢？

答：你瞧，它們的相似之處是，它也遵循一定的方程式，只是更微妙罷了。它們的不同之處在於，它不一定隨距離的增加而減弱，而且它的效應是主動的，與勢的強度無關，只取決於其形式。

訪：所以，物理學中並不存在類似的勢，對不對？

答：對。但我們經常碰到這樣的情形，原先沒有的東西被引進來了。

訪：你在前面曾暗示，儘管量子勢概念包容了超光速傳訊的概念，但它與我們現有的實驗並不矛盾。你能解釋一下這為什麼是可能的嗎？

答：好。這涉及到把量子勢概念擴展到場 —— 整個宇宙的場，我稱其為超量子勢。這應該做些說明，不過，就其本質來說，超量子勢引入了不同地點場的即時關聯。由於人們能夠證明，在現有量子力學框架內所做的任何實驗，都必然與相對論相一致，所以，在任何實驗中，超量子勢都不會與相對論原理相衝突。

訪：相對論原理即禁止超光速傳訊，是嗎？

答：我們只是使用統計性質的實驗，所以不存在超光速傳訊的問題。

訪：那麼，我們控制不了超光速傳播的影響嗎？

答：是的，完全正確。只要我們做的是現有類型的實驗，那相對論就仍然有效。但如果我們能更深入一步，那我們也許就會發現某種超光速的東西。你瞧，我們由此可以說，相對論和量子力學都有相同的極限，即統計資料的極限。

訪：通常，對超光速傳訊概念的反對意見是：如果我們能將訊息編碼，然後超光速傳遞，那就會導致各種詭論；而你認為我們控制不了微觀世界。由於量子現象

的不可預測性，所以，所有事物都是模糊的。你是這
個意思嗎？

答：是的。人們甚至可以證明，因此不可能有任何不一致
性。但是，如果我們能抓住更深層的東西，我們就能
超越這些極限。

訪：好像有點諷刺意味的是，就算你與愛因斯坦的狹義相
對論並不矛盾，但你至少大大地修改了它。也許是不
贊成這一理論的精神。你猜想愛因斯坦對此可能會做
何反應？

答：你說得對。我認為沒有人能夠正確預料每一件事。確
有許多事如愛因斯坦預料的那樣發生了，但他不可能
在每件事上都正確！

訪：反對運用你的量子勢概念的一個論據是：它聽上去好
像是非常複雜的東西，即它不像電場那樣，有一個簡
潔的方程組。

答：它的方程組就是或用於單體問題、或用於多體問題的
薛丁格方程。大自然告訴我們，電場的簡潔概念過於
簡單！我想表達的觀點是，大自然的複雜性和微妙

性，並不亞於心靈的複雜性和微妙性。我是說，我們把自然實在看得過於簡單了。

訪：你認為這應該歸咎於把世界分割成許多小碎片的牛頓化約論（reductionism）傳統嗎？

答：對。我不知道這是否與牛頓有關，但牛頓的繼承者確實是這麼做的。

訪：但你覺得你更傾向於綜合觀或整體觀，即認為為了理解任一組成部分，我們必須考慮整體。

答：正是。我很高興你提到了它，因為現在我們要問一問：「普通力學何以能將世界分解為各個獨立部分呢？」答案是，如果波函數具有特定的我稱之為「可分解性」（factorization）（這是一個數學術語）的性質，則我們就會發現各部分的行為具有獨立性。在普通情況下，這是一種不錯的近似方法，但在量子力學實驗的設計中，波函數是不能分解的，所以量子力學實驗能顯示出整體性。

訪：我想再回到阿斯佩克特實驗中去。你是說當兩個光子反向運動至很遠的兩點，它們之間的合作可以用超光

速傳訊來解釋？

答：我覺得在這裡「信號」這個詞用錯了，因為這個詞有特定的涵義，意指你能傳送訊息。這裡的情況不是「傳送訊息」，而是關聯。我寧願用「關聯」這個詞。你知道，關聯一旦建立，則在一個粒子上發生的事就會影響到另一個粒子。常規的量子力學並不解釋阿斯佩克特實驗。它僅給你一個計算（那個實驗結果的）體系。我覺得我們應該將解釋和計算體系區分開來。量子力學是一種使你能預測統計結果的計算體系；它沒有解釋。玻耳也強調不存在任何解釋。

訪：可是，物理學中總有解釋的吧？我是說，我們所做的不就是做出模型和為模型發明用語吧？

答：但模型能說明事物發生的機制，從這個意義上說，它能解釋事物，使事物能為我們所理解。而量子力學說，大自然除了可以計算外，它是不可理解的；你唯一能做的就是用方程式做計算，操作設備和比較結果。

訪：你能想出另一個物理學領域（比方說，一個簡單的領

域），在那兒你認為我們實際上有解釋嗎？

答：能，許多古典物理學都給出了解釋，假設它們是正確的話。

訪：以什麼方式呢？難道它們不就是把各種觀察聯繫起來的用語和模型嗎？真正的解釋在哪裡？雖然我們使用「解釋」這個詞，但我覺得它好像沒什麼意義，我們實際所做的一切就是成功地把多種觀察聯繫起來。

答：我不這樣看。你知道，我認為觀察是第二位的事。我不理解現代物理學為何如此強調把觀察放在首位。我認為這是實證主義哲學使然。你必須承認，這種情況主要始於本世紀。如果你回溯兩百年或三百年，你會發現，那時人人都懂得什麼是解釋，但對實證主義者現在所做的事，可能誰也不會理解。

訪：確實如此。假設我們考查一個具體事例，如考查蘋果為什麼會落下，我們得到的解釋是因為存在重力場，地球對蘋果有引力。但這樣一來，我們仍留下了一個對重力場做出解釋的問題。

答：是的，但我們至少對究竟發生了什麼給出了一個解

釋。我們可以說，有一個蘋果，它沿著一條軌跡落下；我們也理解了蘋果如何經過各個中間步驟，從樹上落到了地上。然而，如果我們求助於量子力學，我們就會發現解釋不見了。我們只有一個在樹上的蘋果和另一個在地上的蘋果；我們沒有這兩個蘋果如何關聯起來的概念；我們甚至不知道這兩個蘋果之間是否有聯繫。我們只有一個計算公式，它能告訴我們蘋果落到一定地點的統計數據。這類似於保險公司說，我們只知道某年某一類別的人中會有多少人死亡，那是我們關心的全部內容！但是，那不是一種解釋。

訪：可是，如果我們回到蘋果的例子中，以完全古典的角度想一想，我們會發現，歸根究柢，我們只能觀察蘋果，測量它在各個時刻的位置等等。最終，如果我們有了成功的理論，我們可以用它把這些觀察聯繫起來。

答：我認為那是第二位的事。它確實可派那個上場，但更重要的是，它給出了一個發生了什麼事的概念。

訪：是的，它確實給出了一個概念。它給了我們一個簡單

的心理圖像，即蘋果正沿著一條連續的軌跡落向地面。但是，難道這個圖像不只是一種幻覺嗎？

答：你這麼說，那麼，計算是什麼呢？

訪：計算是一種模型，它使我們能將這些觀察聯繫起來。

答：你為什麼要將它們聯繫起來？

訪：因為我覺得，物理學就是觀察世界的學問。

答：為什麼它是觀察世界的學問呢？我的意思是說，它是一種始於幾百年前的思想。人們之所以堅持這個觀點，是因為他們的老師教他們這樣做。可你為什麼會那樣認為呢？

訪：因為對實驗物理學家來說，他們的職業就是測量世界。

答：但物理學並不完全始於實驗，它始於人們的提問。我是說，如果沒人提出過物理學中的這些問題，就根本不會有實驗。人們對世界的興趣，實際上源於寬泛得多的觀點。

訪：這引出了波普（Popper）關於什麼是科學的概念。他認為，科學理論必須是有可能被證偽的，而這取決於

我們能夠做出與該學說相左的觀察。

答：那是波普的觀點。我是說，我們為什麼一定要把他當作權威？人們曾提出過許多種思想，波普也提出了一種具有某些優點的思想，但這未必就是絕對真理。假如有人聲稱，波普已對什麼是科學下了最後定義，那麼，我有什麼理由非要接受那種說法呢？

訪：因此，概括起來，如果沒有實驗證明我說得不對，我認為我們現在爭論的實際上是不同的哲學觀，你同意嗎？

答：我同意，哲學一詞，最初意為「愛智」，但現在它卻變成一種技術。我覺得我們的時代愈來愈傾向於把一切都歸結為技術，而忽略事物的意義。人們也逐漸陷入這樣的錯誤當中，認為非技術性的東西根本不值得一提。你要注意，這是歷史發展的產物，但你不能把它看成是絕對真理。

訪：雖然我們現在在這裡坐而論道，討論我們所謂的哲學──對量子力學的概念基礎，我們也討論了許多我覺得它們也是純哲學的，但實際上如果我沒搞錯的話，

你已經預見到將來（我們不知道要多久）必會有實際的實驗暴露出量子力學現有詮釋的種種弱點。

答：是的。但我認為，任何帶基礎性的新實驗都來自哲學問題。回顧歷史，在古希臘，科學大體上是推理性的。後來，人們通過引入實驗來修改這些推斷特性修正。現在我們走的是另一條路，說實驗幾乎是我們能做的唯一事情。這樣，我們實際上走到了另一個極端。科學包含有好幾個要素吧！它離不開深刻的思想，而這種思想先於實驗。如果你排斥了哲學，那你也必然會把這些要素排斥掉。現在，人們只能借助數學獲得洞見：數學世界是人們能夠自由想像的唯一王國。

　　他們可以不必顧忌實驗，隨心所欲地擺弄數學。幾個月前，我曾在《紐約時報》上看到過一篇文章，作者說我們有超引力，並說它看起來很有希望，但在二十年內，我們不可能說出任何確定的東西！所以說，只要是數學，不管它怎麼說都沒人會介意。人們相信數學是真理，而其他東西則不是。

訪：對，人們確實把數學的優雅性當作是支持一個缺乏實驗證明的理論的準繩。

答：可是，如果你接受數學的優雅性，卻為什麼要拒絕概念的優雅性呢？每一位物理學家至少都有一種未明言的哲學，但現在一般公認的哲學是極不優雅的。而且它實在是太粗糙了。

訪：但是（請原諒，我又回到老問題上來了），你覺得將來某個時候會有可能以實驗來決定這些不同詮釋的取捨嗎？

答：我想有這種可能。但如果不能在沒有實驗證明的情況下先認真地思考這些思想，那這種可能性就不會出現。

訪：但目前，你並沒有任何特別的實驗設想，是嗎？

答：是的，我沒有。但我想說，如果人人都持那種觀點，說除非有人提出實驗證明，否則我們就不考慮他所說的任何事，那麼，就永遠不會有人提出基礎性的新概念來。

# 第九章

# 巴席爾・海利

巴席爾・海利（Basil Hiley），倫敦大學伯克貝克學院物理學高級講師。除了固態、液態和聚合物物理學之外，他的研究興趣還包括量子力學的概念基礎。作為大衛・玻姆的長期合作者，多年來，他一直摒棄量子力學的常規詮釋，並試圖建構一個與「常識」意義上的實在論更為一致的理論。他最近與玻姆一起做的有關非定域量子勢的工作，對量子力學的正統觀點構成了直接的挑戰。

訪：阿斯佩克特最近的實驗表明，量子力學的傳統研究方法仍然富有生命力，我們可以放心地繼續運用它。但

是，在你的量子勢理論中，你似乎採用了一種截然不同的方法。你為什麼懷疑量子力學的常規詮釋？

答：我覺得「懷疑」這個詞在這裡是用錯了。如果有人對我說，他想解決某個物理問題，我會建議他運用常規詮釋，因為我們知道，它可以有效地給出正確答案。但是，如果你考查常規詮釋，並試圖理解電子產生干涉圖時發生了什麼，那你就會發現，沒有什麼物理方法可以解釋這個圖的形成。

訪：為什麼你會感到有必要說明電子在幹什麼呢？歸根究柢，在物理學中——不光在量子力學中，我們接近世界的唯一手段是通過我們的儀器和實驗；而我們必須處理的唯一資料是我們的實驗結果。為什麼你要把外部世界的模型更推進一步，說我們必須討論電子在幹什麼，即使我們不能實際觀察到它在幹什麼？難道我們的觀察還不夠嗎？

答：不夠。我認為我們必須努力建立一種模型，通過這種模型，我們可以增強對自然的直覺。我已被培養成一名物理學家，我覺得直覺對我們一直有巨大的幫助。

當我考查量子力學時，我發現它是完全反直覺的。我們現在只有一種方法——一套規則：我們有一個被認為描述系統狀態的波函數；我們還有一個可用於該波函數的算式；我們可用它們預先算出某些實驗的值。但這無助於我們理解（比方說）雙縫實驗。電子究竟是怎樣通過狹縫的？它是從一條縫中通過，還是同時從兩條縫中通過？如果人們想對實際發生的事情有所了解，那麼，這些問題就顯得至關重要了。

訪：讓我們把這個問題徹底弄清楚。在常規或哥本哈根詮釋中，人們只能談論電子的位置或動量，而不能同時談論這兩者，因為我們要麼不知道電子在哪裡，要麼不清楚電子如何運動；說電子同時具有確定的位置和運動狀態，甚至是無意義的。可是，你認為電子真的有確定的位置和運動狀態，只是實際上我們不能同時確定這兩者而已。你是那個意思嗎？

答：是。我一直在考查的那個模型最初是由德布羅意提出的，後由玻姆做了發展。常規詮釋的困難在於，人們只能談論「觀察」或「測量」，而無法談論這中間發

生了什麼。我覺得我們需要探索在其中我們可以提出
此類問題的本體論，這意味著我們能夠把確定的位置
和動量賦予粒子，儘管對觀察者來說，這些是未知
的。

訪：這就是所謂的量子勢概念嗎？你能概括一下這種研究
　　方法的基本特徵嗎？

答：首先，我們設想實際存在一個電子，它同時具有確定
　　的動量和確定的位置。然後，我們取其波函數，不是
　　用它計算其機率，而是把它當作一個與電磁場類似的
　　實在的場。這樣，這個場就能夠影響這個或那個粒子
　　的行為。從技術上講，這是通過從薛丁格方程導出的
　　一個運動方程達到的。這個運動方程包含了另外一種
　　勢，我們稱其為量子勢，因為它修改了古典的粒子行
　　為，產生了與量子力學相一致的結果。

訪：這是一種什麼波或場呢？

答：儘管我將它與電磁場進行類比，但實際上它的性質與
　　電磁場大相逕庭。

訪：那是些什麼性質呢？

答：也許用事例可以說得更清楚。我們知道，如果我們讓電子通過具有兩個鄰接狹縫的屏幕，在另一邊我們觀察到的結果很像是波的干涉。的確，正統理論確實是用波函數描述這種特殊波現象的。但我們在另一邊實際看到的是以單個形式到達的電子。所以，這種波實際上是由單個電子組成的電子束行為的**平均**，而且，波的強度取決於在一定時間內到達某一具體地點的電子數。

然而，正統理論認為，你實際上不可能預測每個電子如何到達屏幕上。但量子勢所做的就是使你能計算出產生干涉圖的各個電子的軌跡。因此，通過你使用的算式，你能考查量子勢的形式。量子勢包括諸如縫寬、縫間距以及粒子動量等訊息。換言之，它似乎具有粒子周圍環境的某些訊息。由於這個原因，人們傾向於認為量子勢更可能來自於訊息場，而非物理場。

或許我可以再做進一步的類比。假設我們有一艘船，它由雷達波導航。船上的電腦接收到雷達波後，

船便根據雷達波的指令調整航向。我現在想說，量子勢就來自於類似雷達波的那種波。量子勢帶有環境的訊息，這些訊息傳送給電子後，電子便調整其運動，結果產生我們在屏幕上看到的成束效應。

訪：這麼說，電子的運動不受量子勢的驅使，量子勢只是攜帶了告訴電子怎樣運動的訊息？

答：是的，它是一種訊息勢。物理學中更傳統上的方法是認為電子是由場驅動的，如同水波驅動船一樣。但量子勢並不是這樣，因為實際上你可以用一個常數乘以這個場，而這並不會改變對粒子的作用力。所以，它不是驅動電子的普通的古典力。

訪：這種量子勢似乎與我們以往在物理學中遇到的其他東西迥然不同。實際上，它似乎很不尋常。如果我們把電子比作船，在量子勢所攜帶的訊息的指導下運動，那麼，這等於把電子視為一台超級電腦。像電子這樣簡單的東西（人們認為它沒有結構，沒有內部組成）竟能以如此複雜的方式行事，這是確實可以想像的嗎？

答：在我最初開始思考這個概念時，我記得費曼已經先我
　　們一步說，他把時空中的點想像成電腦，它以輸入和
　　輸出的方式與周圍其他點保持聯繫。由於時空點能記
　　住所有可能的場和粒子，故而實際上就如同電腦。所
　　以，在他的想像中，時空中的每一點都相當於一台電
　　腦！我想說的是，電子可能也相當於電腦！

　　　當然，目前的實驗在小到 10-16 厘米的尺度上顯
　　示電子沒有內部結構，但別忘了，離開 10-33 厘米的
　　「引力長度」*還有一大段距離；所以電子仍然可能
　　有內部結構，雖然以我們的尺度來說，那是微乎其微
　　的。

訪：所以，你認為像電子這樣的粒子，實際上可能是一個
　　複合體，其內部組成類似於電腦元件，是嗎？

答：儘管我不想把這一類比推得太遠，但那確實是可能
　　的。

訪：我現在有一個很幼稚的問題。我覺得這個裝有雷達的

---

*審訂注：gravitational length，常用「蒲朗克長度」一詞。

船的比喻很好，但是，要使船能對雷達信號做出響應，它本身還必須具有某些動力。所以，如果電子從這種量子勢那裡獲得「向左轉！」的指令，那它怎樣轉向呢？它的動力是什麼呢？

答：動力來自量子勢本身。

訪：但我想量子勢只是激發電子做出響應，並沒有驅動電子呀？

答：這個我自己也還沒有完全搞清楚。激發電子做出響應的是波場。波場被翻譯成作為一個運動方程一部分的量子勢。按照這個方程式，量子勢能產生一種能量來自電子自身活動的驅動力。但我不想沿著這一思路再往前走得太遠，因為對電子我有一個略為不同的圖像。我不認為可以將電子同它的環境完全分開。你知道，關於量子力學，玻耳強調過的事情之一就是我們必須考查整個實驗情境。根據量子勢研究方法，我們似乎可以把玻耳的思想再推進一步。如果我們不能把粒子同環境分離開來，不能把它們當作獨立的實體，那我們就必須把它們看成是全部情境的一部分。那就

是說，是整個系統做出響應。所以，我們不應該把電子想像成具有內部驅動裝置的東西。那樣的話，我們可能又要回到認為電子中存在有齒輪或電腦元件的機械論觀點中去了。

訪：過去曾有人提出，電子的量子不確定性或許可歸因為其周圍的無規力對它的作用，這種作用類似於我們見過的海面上水波對軟木的顛簸。如果電子確受無規力的作用，那麼，我們不難看出，電子必然沿曲折路徑運動。可是，你似乎在說，是量子勢告訴電子怎麼沿著曲折路徑運動。但是，我們卻找不到任何促使電子沿曲折路徑運動的動力。

答：我們總有零點能（zero point energy）的。我們知道真空態實際上是充滿能量的，而正統理論利用了這種能量。

訪：是的。但弄清楚細節卻很難。例如，你相信中子和質子有區別，可它們的量子行為卻極其相似。

答：但我並不是以電磁場為背景來考慮這一點的，因為量子勢來自與電磁場不同的場。這種場很特別，似乎比

電磁場微妙得多。

訪：這麼說，你說的這種零點背景是某種量子勢場背景，而不是與我們較熟悉的其他類型的場（如電磁場）有關的零點能？

答：對。

訪：現在讓我們直接轉到阿斯佩克特實驗。那是一個處理雙粒子系統而非單粒子系統的實驗。那個實驗表明，我們必須在下列兩者之間做出選擇：若不拋棄所謂的實在性觀點，即認為外部世界獨立於我們的觀察而存在的觀點；就要拋棄定域性觀點，即認為物理信號和影響不可能以超光速傳播的觀點。照我的理解，量子勢概念至少試圖保留古老的客觀實在性思想的印跡，儘管為此不得不以接受非定域性為代價。我說得對嗎？

答：你是想說量子力學中沒有那種非定域性？

訪：不，我認為量子力學中也有非定域性的要素。但是，很顯然，在哥本哈根詮釋中，人們很樂意拋棄質樸的實在觀。所以，使阿斯佩克特實驗與不存在超光速傳

訊相一致是可能的。

答：如果你的意思是說，我們可以用量子算法算出各種機率，那我完全同意你的說法。我們可以做到那一點。我不清楚的是，正統理論如何說明阿斯佩克特的遠距關聯。而量子勢則明確地說明，這是因為兩者之間存在非定域關聯。我明白，如果你回到愛因斯坦的觀點，即認為實在性是對只存在定域性相互作用的時空的一種描述，那量子勢觀點就會遇到挑戰。順便說一句，愛因斯坦的上述觀點正是阻礙他認真思考量子勢觀點的原因之一。

訪：這讓你感到不安嗎？

答：不，沒有。我們現在已有了實驗證據，表明實在中的確有某種形式的非定域性要素。但我們也必須自問：為什麼大多數實驗僅揭示出定域性關聯呢？現在我們已知道，可通過將量子勢概念擴展至量子場論來解釋這一問題。

訪：假設有人將這一思想繼續推進（當然，在現階段這只是一種嘗試），那它似乎會帶來超光速通訊的可

能性。如我們接受相對論，這就可能使我們能夠逆時通訊。這樣，它似乎成了形形色色的因果詭論的源泉了。好像這就是我們為抓住質樸的實在觀而不得不付出的高昂代價。

答：量子勢概念中不含有任何因果詭論，因為它實際上要求一個絕對的時空背景，這就是狄拉克提出的那種量子乙太。這一點我解釋一下。我們取場論，並以場建構一個超勢（superpotential）。這樣，我們就能證明超勢（遵從於一個薛丁格超波動方程）與所有粒子都是即時接觸的（即非定域性接觸）。但當你算出典型量子實驗的各個統計結果時，你會發現它們仍然具有勞倫茲不變性（即它們符合相對論）。所以，也就是說，在量子勢研究方法中，相對論不是一種絕對效應，而是一種統計效應。

訪：因此，實際上不可能超光速傳訊？

答：那還不清楚。目前我們還看不出有什麼方法可以這樣做。但是，如果你以絕對時空或絕對時間作背景，那你就不會陷入因果怪圈之中。所以說，這種理論不會

產生因果詭論，但你會有即時關聯。問題是：這些即時關聯意味著什麼？說不定有一天我們會找到其他顯示出這種即時關聯的實驗。

訪：但是，如果我們按通常在相對論中所理解的方式來看待普通時鐘的行為，那麼，即時通訊實際上不就等於逆時通訊吧？

答：問題是時鐘實際上也是許多粒子的集合體。它們的運作方式是統計性的，所以它們不可能檢測出這些即時關聯。

訪：是的，時鐘不可能檢測出這些即時關聯。但是，人們可以設計出一個通訊系統，雖然在你的絕對時空中，它會產生即時關聯，但在狹義相對論通常為時鐘所用的參照系中，它相當於能逆時傳遞信號。難道這不可能嗎？

答：我不知道是否存在這種可能性。如果我們返回到阿斯佩克特實驗，雖然量子勢概念表明存在有即時關聯，但如果我們在關聯的兩端考查粒子的統計性質，它們（粒子）似乎是獨立的；只有在相關性中，我們才看

到非定域性。我實在不知道這些相關性能是否轉化為使事物在時間上反演的信號。

訪：當然，目前還不可能將這些相關性用於傳訊裝置。

答：當然。

訪：在量子力學的常規詮釋中，這種情況是絕不會出現的。但在你的詮釋中，原則上似乎是可能的，儘管實際上你不知道怎樣具體實施。

答：我認為這是我們的理論的優點，因為它促使我們好好地想一想，我們是否能做這樣的事。

訪：你似乎蓄意要向相對論正面挑戰。

答：我不這樣看，因為如我所說，目前似乎是統計效應給了我們相對論。問題是，我們如何設計出超越這個層次的實驗以考查這些即時關聯。這一點目前我們還沒有概念。現在清楚的是，在我們目前的實驗範圍內，量子勢真實地再現了量子力學的結果。現階段它並沒做出不同的事情。

訪：因此，量子力學的結果與你們的理論的唯一不同之處就在於這些即時通訊。正是在這個領域，你與相對論

發生了衝突。我說得對嗎？

答：麻煩在於，在量子力學的正統詮釋中，我們不能問在
兩個分離系統之間發生了什麼這樣的問題。在量子力
學的現有表述形式中，我們甚至想都不能想這樣的問
題，因為我們只有一個波函數，通過這個波函數，雖
然我們知道怎樣算出相關性，但我們對在現象下面正
在發生著什麼卻一無所知，所以我不能提問題。現
在，你也許想我們不應該提那樣的問題。但是，如果
我們有一個理論，它能產生與正統理論完全相同的結
果，那麼，我覺得，我們應該進一步探索它，看看是
否可能創造出新的物理學。也許我們會無功而返，那
時你可能會說這純粹是浪費時間。但至少對這個問題
我們有不同的觀點。

訪：好，這個問題就讓我們討論到這裡。你認為你的研究
方法除了給我們一個整潔的實在模型之外，還有其他
什麼優點嗎？

答：正統研究方法總是留給我們所謂的測量問題。如果你
回過頭來檢索一下文獻，你會發現，幾乎有三百篇論

文試圖解決測量問題。而正統理論的維護者甚至根本不承認存在測量問題。

訪：這就是我們堂而皇之地把觀察者引入物理學的地方。

答：正是。在你談論測量問題時，應當記住，正統理論說波函數描述的是系統的態。然後，你用測量裝置確定這一態怎樣演變。當你使用測量裝置時，你發現此態演變成我們所稱的線性疊加。讓我們看一下下述情形。假設你有一個給你兩種可能性的實驗……訪：我們以薛丁格貓實驗中的活貓／死貓為例好嗎？

答：那也行。這樣，你有兩種可能性：貓活著或死了。如果你現在想要在量子力學表述形式中算出發生了什麼，那你就會發現，實驗結束時，貓的態函數為活貓與死貓的線性疊加。

訪：這表明這兩種態以某種形式互相重疊。

答：是的。這兩種態以某種形式共存。然而，如果你打開關有貓的盒子，你就會看清貓是死是活，這就是所謂的「波函數縮併」。在正統理論中，你不可能有那種波函數縮併。所以，這一直吸引著像魏格納那樣的著

名人物，誘使他們提出「察看」作用也許是量子力學至關重要的特徵，即意識以某種方式介入進來這樣的推論。意識介入後，貓變得非死即活，非活即死。而在此之前，貓的死活懸而未決，既非死也非活。

訪：我推測你並不喜歡將心靈引入物理學的想法，是嗎？

答：我不理解為什麼要在這個層次上把心靈引入到物理學中來。還有些人持另一種想法，即量子論的多宇宙詮釋。它可解釋為，當你察看盒內時，你所發現的就是你是處於宇宙的這一分支還是那一分支；這一分支對應於活貓，那一分支對應於死貓。

訪：世界一分為二？

答：是的，而我們則隨機地處於其中的一個之中。我對這種想法無甚興趣，因為它好像產生了許多宇宙，而其中只有一個我們能觀察。這使我們處於十分奇特的境地。而用量子勢概念，我們就不會遇到那樣的困難。因為我們有實體，即粒子。如果粒子處於那些波的一個之中，就訊息（量子）勢而言，則沒有訊息會從我們通常在量子力學中所用的其他波包（即對應於分岔

宇宙的其他分支的波函數部分）中回饋。

訪：它們不會彼此相干嗎？

答：它們有可能彼此相干，但問題是，如果粒子處於一個波包中，只要這個波包與其他波包完全分開，它們就不會彼此干涉。當然，如果允許這兩個波包重疊，那麼，它們就有相互作用的可能。然而，如果我們做一次測量，那麼，作為其結果之一，不可逆過程就會發生。在量子勢研究方法中，不可逆過程是波函數縮併的關鍵。這樣，「空」波包就永遠不可能被再帶回去與曾含有粒子的波函數重疊了。

訪：為什麼不可能？因為它驟然從宇宙中消失了嗎？

答：也許我們不應該說它從宇宙中實際消失了，而應該說，「空」波包中的訊息不再有任何效應，因為在測量作用中，不可逆過程引入了隨機（或無規）擾動，它破壞了波包中量子勢的訊息。

訪：所以，並不是波的一部分消失了，而是以不可逆的方式突然混入了其他事物之中。波並沒有消失，它只是完全與其他波交織在一起，失去了其原有的訊息了。

答：是的，我同意你的說法。它不再是主動訊息。我們嘗試過區分主動訊息和被動訊息。當裝置發生這種不可逆變化時，一個波包就會變成被動的。

訪：所以，波的一部分不是由於測量作用而消失了，而是變得「無力」了，是嗎？

答：是這樣的。

訪：讓我們再來考查一下微觀量子尺度。你說過，像電子這樣的粒子實際上同時具有確定的位置和動量，而海森堡測不準原理告訴我們，我們不可能同時測量這兩者。你怎樣解釋這一點？

答：那只是一種統計效應。你知道，當你把測量裝置引入到實驗中來時，你就有了一個多體系統。多體系統在本質上必定是一個熱力學系統，所以，你不能指望知道裝置的所有粒子在哪裡。比如，測量或準備一個處於某動量態的系統的過程本身，就意味著你因此引入了所有這些不確定性；你不可能確定粒子在哪裡。由於有這種熱力學特性，我們總會有一種模糊性。

訪：不確定性是由裝置引入的？

答：是的，是由裝置引入的。

訪：是否我們在探查系統時太笨拙呢？

答：是的。所以，原則上說來，這一解釋是說得通的。但實際上，由於我們是一個熱力學系統，裝置也是一個熱力學系統，所以，我們不能指望能得到精確的效應。

訪：這樣一來，我便不懂蒲朗克常數是怎麼來的了。因為既然量子不確定性純粹是熱力學性質的，那它就僅僅是一種古典效應了吧。我不懂為什麼要有任何優先的作用量標度。

答：我覺得蒲朗克常數的值實際上與量子力學並無關係。我很清楚別人會認為我這是異端邪說。但是，很多人都有這樣一種印象，即如果令蒲朗克常數為零，我們就能從量子表述形式中重新獲得古典力學。這實在是大錯特錯。

訪：但蒲朗克常數是自然的基本常數，如果它有一個值，此值改變，整個世界就面目全非了。

答：我同意，但量子勢確實包含了蒲朗克常數。如果蒲朗

克常數的值發生變化，量子勢也會改變它的值。

訪：可是，我們剛才討論的問題是涉及到海森堡不確定原理的，即在我們對一個系統進行測量時，是裝置的粗陋性（在古典熱力學意義上）將表觀的量子不確定性引了進來。可是為什麼這種不確定性是在由蒲朗克常數決定的標度上呢？如果不確定性純屬古典效應，它就不應該在那種標度上。這似乎有些奇怪。

答：但現在我們基本上是從薛丁格方程中得到這種量子勢的，量子勢中已經包含了蒲朗克常數。

訪：是的。但是，我們採用的是關於測量的一種古典詮釋，即說我們有一個粒子，我們試圖測量它的位置和動量等等。但我們發現我們只能很粗陋地這樣做，所以，所得的結果就有了一定程度的不確定性。當然，我們從熱力學知道，這是常有的事。但是，我們可以想像，如果我們不斷精鍊我們的測量裝置，就能使結果愈來愈精確。然而，量子力學告訴我們，存在有不可約化的不確定性，那就是蒲朗克常數介入的地方。如果照你說的，是測量裝置產生了這種擾動，那我

就不明白這種不確定性何以會是不可約化的。那樣的話，還要什麼特殊的作用量標度呢？

答：這是一個很好的問題。我同意你的觀點。我也認為那不可能僅僅是一個不可逆性問題。但是，請記住，我們是由薛丁格方程導出量子勢的。由於薛丁格方程包含了蒲朗克常數，所以，我們的分析也包含了它。因此，你實質上是問我：我們為什麼需要薛丁格方程。對此，我不知如何回答。

# 詞彙表

**超距作用**（Action at a distance） 指兩個分離系統相互施加物理效應。在現代物理中，直接超距作用已被場論所取代。在場論中，分離系統的相互作用是以激發感應，使其通過廣延於兩系統間空間的場來實現的。例如，月球運動就是透過重力場的中介作用而引起地球潮汐的。

**乙太**（Aether） 人們過去認為充滿宇宙空間的一種假想介質。它曾被當作是一種普適的參照系，相對於這種參照系，任何物體在空間的速度都可被確定。電磁波就曾被認為是乙太的振動。乙太概念後來被狹義相對論摒棄。

**阿斯佩克特實驗**（Aspect experiment） 一九八二年由阿斯佩克特及其合作者所做的一項實驗。實驗中查核單原子躍遷時同步發射的光子對是否符合貝爾不等式，藉以對

量子力學的概念基礎進行檢驗（詳見第四十九頁）。

**貝爾定理或不等式**（Bell's theorem or inequality） 以貝爾的姓氏命名。他於一九六五年在物理作用與實在本質的某些假定下，以數學不等式的形式證明了對分離物理系統同時測量所得的結果之相關程度，滿足一些很普通的限制條件。

**因果性**（Causality） 即因果關係。在古典物理學中，一種結果只限定於原因之後發生。而在相對論物理學中，因果關係還受到有限光速的限制；無法藉由光速或低於光速傳播的感應而關聯的事件為獨立事件，它們之間不能相互影響。

**歐洲核子研究中心**（CERN） CERN為歐洲核子研究中心的法文（Centre Europeen pour la Recherche Nucleaire）縮寫。該中心位於瑞士日內瓦附近，設有全世界最大功率的次原子粒子加速器。

**動量守恆**（Conservation of momentum） 同為古典物理學與量子物理學的基本定律之一。它要求無論一個獨立系統的內部如何變化，該系統的總動量必保持恆定。在古

典牛頓力學中，動量的定義為質量與速度之乘積。

**哥本哈根詮釋**（Copenhagen interpretation） 經常與玻耳的
名字及其三〇年代期間的哥本哈根學派相提並論的量子
力學詮釋。雖然其地位不斷受到挑戰，但仍被公認為正
統的觀點（詳見第六十三頁）。

**愛因斯坦－波多爾斯基－羅森實驗**（Einstein-Podolsky-
Rosen experiment） 愛因斯坦及其同事於一九三五年提
出的思想實驗，意在揭露玻耳對量子力學的詮釋中的怪
異之處。該實驗設計對兩個相互作用後立即彼此遠移的
量子系統進行同步測量，阿斯佩克特實驗即奠基於此設
想（詳見第四十三頁）。

**電動力學**（Electrodynamics） 探討電磁場及其來源（電
荷、電流與磁體）的理論。電動力學的研究範圍包括源
的運動、場的傳播以及源與場的相互作用。

**EPR 詭論或實驗**（EPR paradox or experiment） 參見愛因
斯坦－波多爾斯基－羅森實驗。

**超光速傳訊**（Faster-than-light signalling） 有關物理效應
以超光速傳播的假想機制，能使在相對論上看來為物理

性獨立的事件具有因果關聯。

**海森堡測不準原理**（Heisenberg's uncertainty principle）
以海森堡的姓氏命名。乃描述不可約化的不確定性的數
學式。在同時測量特定的一對動力學變量（如粒子的位
置和動量）時，此種不確定性總是存在的。

**無限迴歸**（infinite regress） 一種在哲學上頗令人不快的
一種論證結果。該推論的每一步在邏輯上都需依賴下一
步，如此推演，永無止境。

**不可逆過程**（Irreversible process） 在某些物理系統中
（如擺動的鐘擺），人們感興趣的過程可以逆向發生；
但在其他一些物理系統中（如兩種不同氣體互相擴
散），其過程則不可逆轉。

**定域性**（Locality） 使事件能夠依因果關係相互影響的物
理限制。一般說來，定域性是指事件只能對毗鄰的其他
事件產生影響。更為嚴格的定義為，若假設所有物理效
應都不能以超光速傳播，兩個在空間上分離而同步發生
的事件就沒有因果關聯。因此，一事件只能與同一空間
位置上的另一事件產生即時的聯繫。

**勞倫茲不變性**（Lorentz invariance） 以勞倫茲的姓氏命名。為一種與理論的對稱性相關的數學概念。它以與狹義相對論原理相一致的方法，把在一個參照系中觀察到的物理量的值與在另一個參照系中觀察到的物理量的值聯繫起來。一個理論若遵守狹義相對論，則必然具有勞倫茲不變性。

**非定域性**（Non-locality） 定域性失效的假說性情況。某些量子過程具有非定域性傾向，即：在空間上分離的事件能夠產生聯繫。然而在涉及空間位置分離的事件之即時因果聯繫時，非定域性預設為不能違反較嚴格的定域性定義。

**蒲朗克常數**（Planck's constant） 自然界的一個普適常數，以 h 表示，代表一個量子效應在其中產生重要作用的數量標度。它存在於量子系統的所有數學描述之中，並可以各式各樣的形式出現，例如光子能量與光波頻率之比。

**量子場論**（Quantum field theory） 即應用於場（如電磁場）的量子論。量子場論是當今理解高能粒子物理及解

釋支配次原子物質之基本作用力的基礎。

**量子勢**（Quantum potential） 玻姆、海利及其合作者採用的量子系統描述模式。該模式將與量子行為相關的飄忽不定和無法預測的起伏漲落性歸因於類似引力勢的「勢」場。

**相對論**（Theory of relativity） 描述空間、時間和運動的公認理論，是二十世紀物理學的基石之一。一九〇五年由愛因斯坦首先提出的狹義相對論，引入了諸如時間膨脹以及質量（m）與能量（E）之間的等價關係（$E = mc^2$）這些不尋常的概念。狹義相對論的一個關鍵性結論是沒有任何物體、物理感應或信號能夠超光速（c）運動。後來（一九一五年）的廣義相對論則包括了引力對時空結構的效應。

**薛丁格貓詭論**（Schrodinger's cat paradox） 由一個思想實驗引出的詭論。在這個思想實驗中，人們用量子過程使一隻貓處於活與死兩態疊加的狀態之中（詳見第六十七頁）。

**薛丁格方程**（Schrodinger's equation） 以薛丁格的名字命

名。這是一個與常規波動方程相似的方程，用於描述量子波函數的行為。

**態函數**（State function） 一種抽象的數學實體。它包括了對一個量子系統做最大限度的物理描述所需的全部物理信息。在許多情況中，態函數可以用遵從薛丁格方程的一個波函數來表示。

**雙縫實驗**（Two-slit experiment） 最早由湯瑪斯·楊做的一個實驗。在這個實驗中，光照到有兩條相鄰狹縫的屏幕上，在成像屏幕上產生干涉圖樣，因而顯示出光的波動性（詳見第三十三頁）。

**虛粒子**（Virtual particles） 海森堡測不準原理允許粒子以極短的壽命自發地出現與消失。這種瞬間即逝的實體稱「虛粒子」，以區別於類似的但壽命較長的「實粒子」。

**波函數**（Wave function） 描述量子系統態的數學實體。在簡單情況下，波函數的行為可用薛丁格方程描述。

**波函數縮併或約化**（Collapse or reduction of wave function） 對量子系統進行一次測量時發生的過程，由此，波函數突然和不連續地改變其結構。對這種「縮併」的意義，

目前仍有爭議。

**波包**（Wave packet） 有時，量子系統的波函數集中在一個狹小的空間區域內。這種位形（它意味著所描述的粒子是相對定域的）稱為波包。

**零點能**（Zero point energy） 一種不可約化的能量。按照量子力學，它總是存在於以某種方式被限定的系統內。它的存在可看作是海森堡測不準原理的必然結果。

# 延伸閱讀

T. Bastin (ed.), *Quantum Theory and Beyond* (Cambridge University Press, Cambridge, 1971).

D. Bohm, *Wholeness and the Implicate Order* (Routledge & Kegan Paul, London 1980).

J. F. Clauser and A. Shimony, 'Bell' Theorem: experimental tests and implications' in *Reports on Progress in Physics* 41, 1881-1927 (1978).

B. d'Espagnat, *The Conceptual Foundations of Quantum Mechanics* (Benjamin, New York, 1971); *In Search of Reality* (Springer-Verlag, New York, 1983); 'Quantum theory and reality' in *Scientific American*, November 1979, 158-81.

B. S. DeWitt, 'Quantum mechanics and reality' in *Physics Today*, September 1970, 30-5.

B. S. DeWitt and N. Graham, *The Many-Worlds Interpretation of Quantum Mechanics* (Princeton University Press,

Princeton, N.J., 1973).

W. Heisenberg, *Physics and Philosophy* (Harper & Row, New York, 1959).

M. Jammer, *The Philosophy of Quantum Mechanics* (John Wiley, New York, 1974).

N. D. Mermin, 'Is the moon there when nobody looks? Reality and the quantum theory' in *Physics Today*, April 1985, 38-47.

A. I. M. Rae, *Quantum Physics: Illusion or Reality* (Cambridge University Press, 1986).G. Ryle, *The Concept of Mind* (Barnes & Noble, London, 1949).

J. von Neumann, *Mathematical Foundations of Quantum Mechanics* (Princeton University Press, Princeton, N. J., 1955).

J. A. Wheeler and W. H. Zurek, *Quantum Theory and Measurement* (Princeton University Press, Princeton, N. J., 1983).

E. P. Wigner, 'Remarks on the mind-body question' in *The Scientist Speculates - An Anthology of Partly-Baked Ideas*, ed. I. J. Good, 284-302 (Basic Books, New York, 1962).

The Ghost in the Atom by P. C. W. Davies & Julian R. Brown
Copyright ©1993 by Cambridge University Press
Through Big Apple Agency, Inc., Labuan, Malaysia
Traditional Chinese Edition Copyright © 2000, 2010, 2015, 2021 by Owl Publishing House,
a division of Cite Publishing Ltd.
All rights reserved.

貓頭鷹書房 7 　　　　　　　　　　　　　　　　　　　　　　　YK1007Z

原子中的幽靈：
從愛因斯坦的惡夢到薛丁格的貓，看八位物理學家眼中的量子力學

作　　　者　保羅‧戴維斯、朱利安‧布朗
譯　　　者　史領空
選 書 人　陳穎青
責任編輯　吳欣庭（一版）、王正緯（四版）
編輯協力　徐慶雯
專業校對　魏秋綢
版面構成　張靜怡
封面設計　兒日
行銷統籌　張瑞芳
行銷專員　何郁庭
總 編 輯　謝宜英
出 版 者　貓頭鷹出版

發 行 人　涂玉雲
發　　　行　英屬蓋曼群島商家庭傳媒股份有限公司城邦分公司
　　　　　　104 台北市中山區民生東路二段 141 號 11 樓
　　　　　　劃撥帳號：19863813；戶名：書虫股份有限公司
城邦讀書花園：www.cite.com.tw　購書服務信箱：service@readingclub.com.tw
購書服務專線：02-2500-7718~9（周一至周五上午 09:30-12:00；下午 13:30-17:00）
24 小時傳真專線：02-2500-1990；25001991
香港發行所　城邦（香港）出版集團／電話：852-2877-8606／傳真：852-2578-9337
馬新發行所　城邦（馬新）出版集團／電話：603-9056-3833／傳真：603-9057-6622
印 製 廠　中原造像股份有限公司
初　　　版　2000 年 6 月
二　　　版　2010 年 6 月
三　　　版　2015 年 8 月
四　　　版　2021 年 4 月　　二刷　2022 年 2 月
定　　　價　新台幣 350 元／港幣 116 元
Ｉ Ｓ Ｂ Ｎ　978-986-262-466-1

讀者意見信箱　owl@cph.com.tw
投稿信箱　owl.book@gmail.com
貓頭鷹臉書　facebook.com/owlpublishing

【大量採購，請洽專線】(02) 2500-1919

城邦讀書花園
www.cite.com.tw

國家圖書館出版品預行編目資料

原子中的幽靈：從愛因斯坦的惡夢到薛丁格的貓，
看八位物理學家眼中的量子力學／保羅‧戴維
斯（P. C. W. Davies）、朱利安‧布朗（Julian R.
Brown）著；史領空譯 . -- 四版 . -- 臺北市：貓頭
鷹出版：英屬蓋曼群島商家庭傳媒股份有限公司
城邦分公司發行 , 2021.04
面；　公分 . --（貓頭鷹書房；7）
譯自：The ghost in the atom: a discussion of the
　　　mysteries of quantum physics.
ISBN 978-986-262-466-1（平裝）

1. 量子力學

331.3　　　　　　　　　　　　　　　110004449